室内设计 实用配色手册

北京普元文化艺术有限公司　PROCO 普洛可时尚　编著

江苏凤凰科学技术出版社

前 言

色彩，是室内设计及相关行业圈子最近才开始关注的话题

十年前，笔者刚从大学毕业，进入室内设计行业。因为国内特有的毛坯房现象，彼时的家庭装修需求，基本停留在解决使用功能这一阶段。因此，大部分情况下，业主并不认为家居产品是一种时尚消费品，对家居环境的整体色彩搭配概念也几乎为零。

十年后的今天，人们的生活方式越来越多样，主力消费群体在更迭，消费理念和习惯在改变，家居产品品牌店崛起，再加上相关政策的出台，毛坯房将逐渐退出历史的舞台。如今，在家居陈设中，表达品位、彰显个性的“时尚”功能越来越重要，此时，色彩自然成为人们关注的话题。

色彩表达情感，塑造风格

在室内设计中，恰当的色彩组合最容易出效果，亮丽色彩的介入最容易引起人们的注意，唤起人们的归属感。然而看似感性的色彩，背后却需要经过充分的“设计”，但凡设计，都是极理性的。

室内色彩搭配没有法则，只有原则

不管您是设计师还是业主，都肯定听说过这样的“色彩搭配法则”：一个房间的颜色不要超过三种；小空间用浅色，大空间用深色；主色、辅助色、点缀色之间的比例为 6 ： 3 ： 1；蓝加白就是地中海风格，如此等等，不一而足。

然而这样的“法则”却经不起推敲，超过三种颜色但依旧美好的空间比比皆是，遵照这一法则最后效果却不尽如人意的也是常有，封闭的狭小的空间均匀地使用浅色反而令人感到不安……

关于本书

我们根据多年的实践经验、色彩科学理论，以及国外的室内色彩设计方法，通过大量中外室内色彩搭配实际案例，为读者带来这样一本简明直观的室内装饰色彩工具书，让色彩不再只是一种单纯而抽象的感觉。

全书共分四章，从如何达到室内色彩的和谐、色彩组合的情绪表达、色彩的灵感提炼，以及风格的色彩塑造四个角度入手，与读者分享更加高效合理的色彩搭配手法。第一章从精炼的室内色彩搭配原理入手，为读者带来基于色彩科学理论之上的更为灵活多样的搭配方案；第二章通过量表，将抽象的情感感受落实到具体的色彩组合之中；第三章从绘画、自然和生活三个方面为读者提供色彩灵感的提取示范；第四章则为读者揭示纷繁复杂的风格本质，总结风格的色彩特征，同时也让读者看到，同样的色彩组合能够表达不同的室内风格。

由于每一块屏幕、每一个打印输出和输入设备的不同，书中印刷的色样不可避免地存在或多或少的色差，因此本书不仅为读者提供了大量的色彩组合方案，同时也为每一套色彩组合标明了 NCS、PANTON、RGB 以及 CMYK 色标，方便读者寻找更为准确的色彩参考。另外，不同的绘图软件，其色彩管理也存在差异，人眼对颜色感知的敏锐程度又远远高于设备，因此有可能出现同一色号对应不同色值的情况。同时，本书所采用的 NCS 色卡与潘通色卡，在色彩数量及丰富程度上本身也有偏差，我们尽量将两者之间肉眼感知上的差异控制在一定的范围之内。

张昕婕

2016.10

张昕婕

法国斯特拉斯堡大学建筑 / 空间色彩学硕士
瑞典 NCS 色彩学院认证学员
《瑞丽家居》瑞丽色栏目色彩专家、特约撰稿人
北京普元文化艺术有限公司 色彩项目主管
普洛可色彩教育体系主要研发者

多年国内外建筑及室内空间色彩专业工作经验，参与和负责国内大中型地产建筑外立面、片区规划、室内色彩标准化、家居流行趋势研究和发布项目

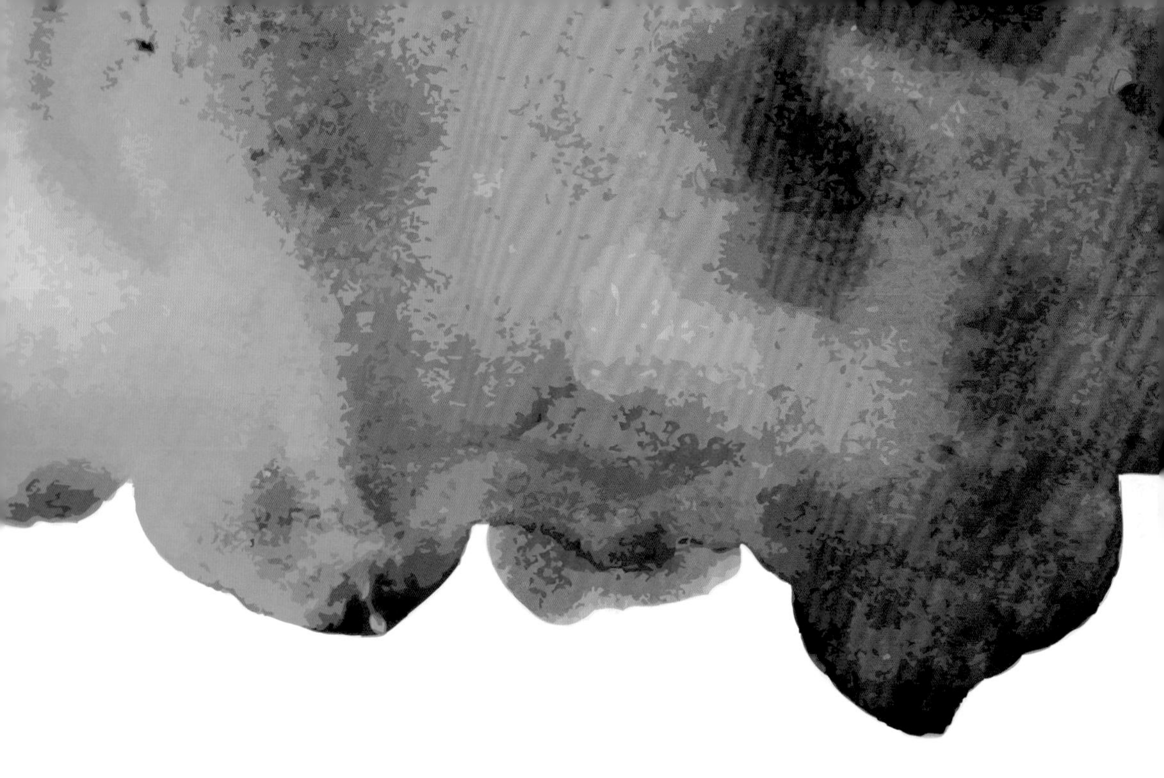

CONTENTS / 目录

1 / 达到和谐

2 / 空间色彩的情绪表达

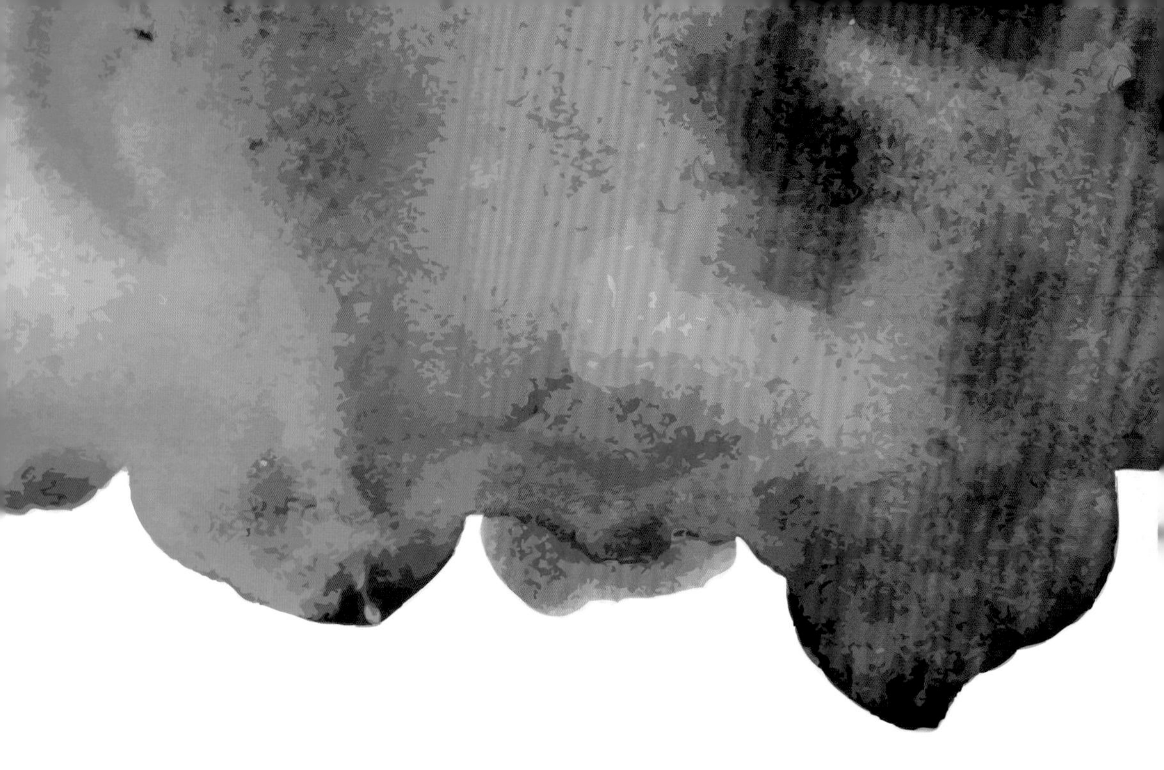

3 / 寻找你的色彩灵感

4 / 色彩与风格

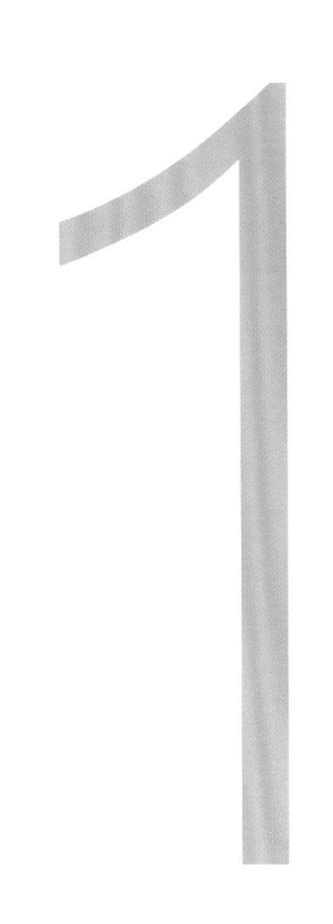

达到和谐

在色彩构图的整体中，所有要素都是互相般配的，所邻近的颜色之间的局部关系都显示出同样令人愉快的谐调一致。很明显，这是一种初级和谐。（《艺术与视知觉》，【美】鲁道夫·阿恩海姆著）

人对审美的基本标准便是“和谐”二字，简单说就是“看着舒服”。然而如何做到“看着舒服”却不是一个简单的问题。本章我们就来探讨色彩和谐的基本要素。

1.1 了解色彩

1.1.1 视觉感知六原色

人眼可以识别 1000 多万种色彩，而我们之所以能够看到这些色彩，是由人类的视觉机制造成的。换句话说，我们看到的“色彩”是一种人类特有的“感知体验”。根据这种感知体验原理，我们会发现在这 1000 多万种色彩中，有六种基本颜色：红、黄、蓝、绿、黑、白。

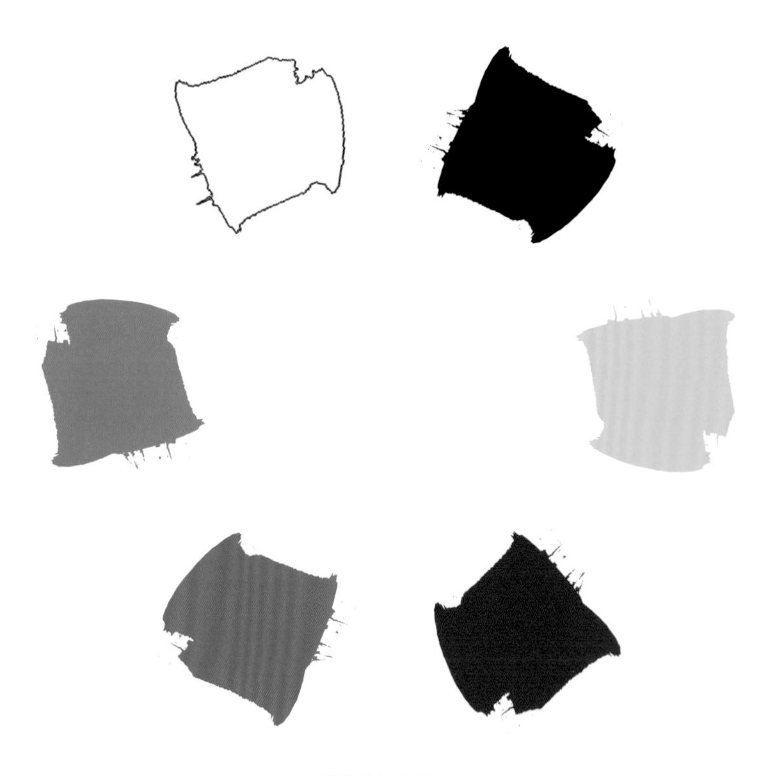

视觉感知六原色

从人类的色觉体验来说，这六个颜色均为“纯粹”之色。为什么呢？

首先，所有颜色都可以用这六个颜色中的某些颜色去描述。比如说“橙色”，可以形容它为又黄又红的颜色，此时，我们就在用“红色”与“黄色”来描述这个颜色。又比如“粉色”，其实是一个又白又红的颜色。这里用来描述“橙色”和“粉色”的有红、黄、白三个颜色概念，但我们却没有办法用其他颜色去形容红色，黄色、白色亦然。

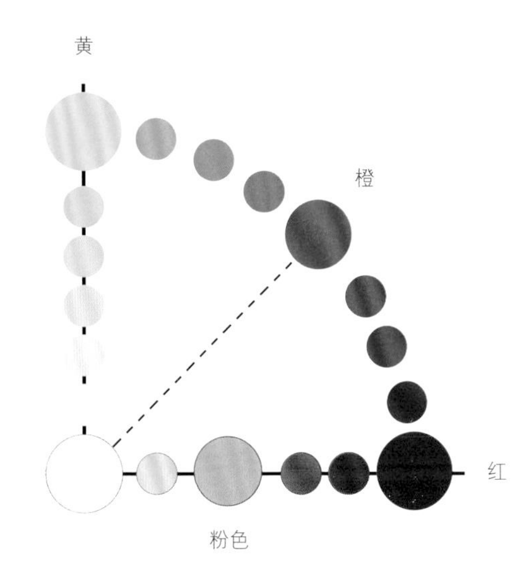

其次，人眼可以识别的1000多万种颜色，都与这六个颜色有着相似性的关系，正是因为这种相似性，奠定了色彩和谐的基础：色彩与色彩之间让人感受到某些关联，这些关联令色彩元素间相互呼应，产生对话。

当你在说“绿色”时，可能是指“墨绿”，也可能是指“嫩绿”。当不同的绿色与其他颜色搭配时，效果也是天差地别的。

摄影：张昕婕

摄影：张昕婕

1.1.2 色彩是三维的

现代色彩学将所有我们可以看到的颜色都归纳到一个体系中，也就是一个三维的空间。不同色彩体系的空间形态略有不同，总体来说大致是一个锥体。锥体的中轴是白色到黑色的渐变，最顶端为白色的极，最底端为黑色的极。

锥体的横切面表达的是色相，而锥体的纵切面表达的则是黑色、白色与纯彩色的关系。与白色越相似的颜色越靠近顶端的白极，与黑色越相似的颜色越靠近底端的黑极。

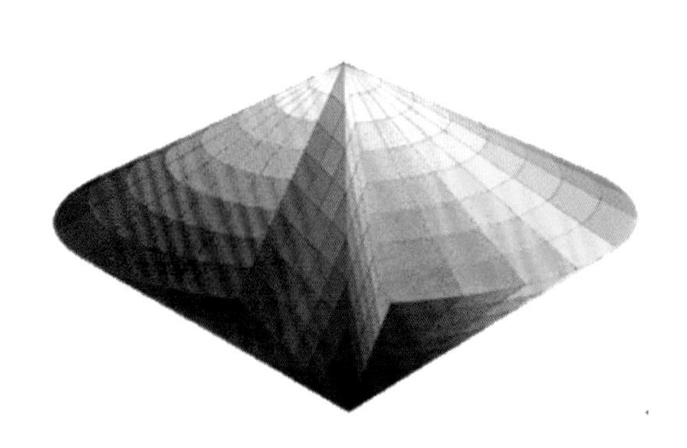

三维锥体色彩空间

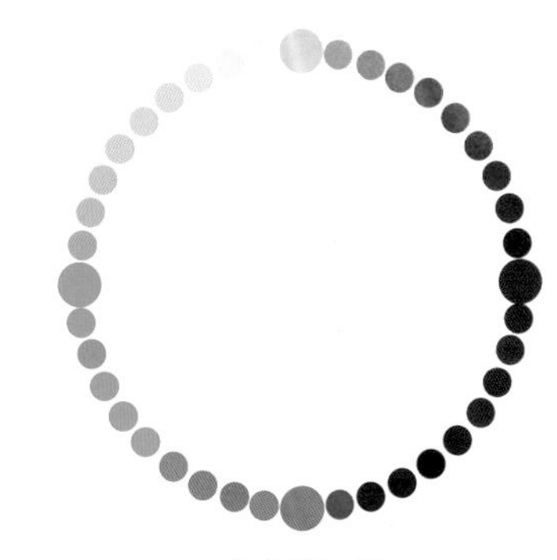

锥体横切面

所谓色相，就是颜色的有彩色外相。彩虹中的红、橙、黄、绿、青、蓝、紫，就是不同波长的光，经过折射之后，形成的不同色相表达。红、黄、蓝、绿四个有彩色之间，可以形成一个渐变的色相环，从色相环中，我们可以看到色相间的相似性。将邻近色相的颜色相搭配，比较容易获得统一的色彩效果。

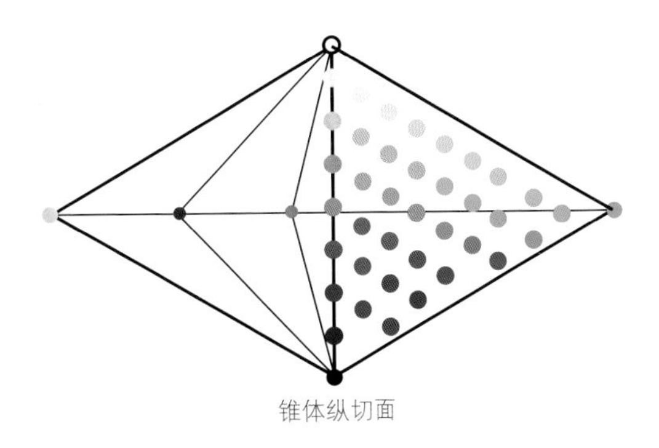

锥体纵切面

1.2 室内色彩相似原则

1.2.1 色相相似

色相环中，呈 45° 左右的颜色，色相的相似性关系十分明显，这样的颜色搭配我们称为邻近色搭配。

设计公司：Urso Designs

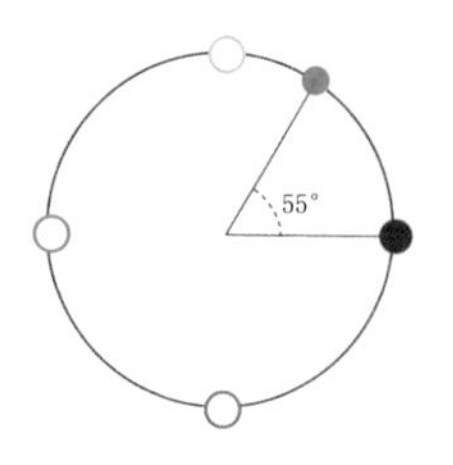

黄、红色相，极具异域风情的纺织品图案，加上摩洛哥传统装饰物，打造出浓郁的热带风情氛围

设计工作室：The Art of Room Design

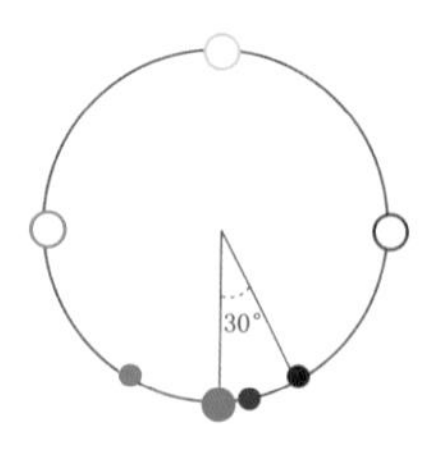

以蓝色相做搭配，同样可以打造出典型的热带风情

色相环中，呈 90° 左右的颜色，色相的对比性增强，但依旧呈现明显的相似关系，这样的颜色搭配我们称为类似色搭配。在 90° 角的类似色搭配中，红色至蓝色这一区域的颜色关系较为特殊，红、蓝组合并不会让人感受到相似效果，反而对比的效果更为明显。

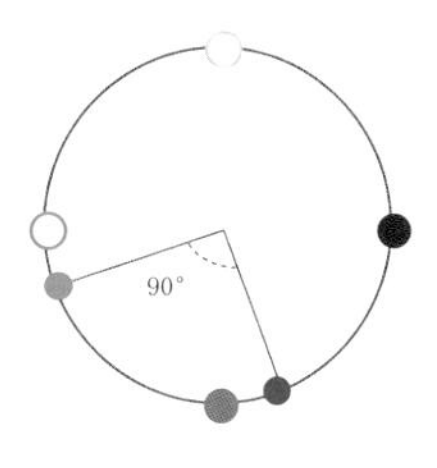

蓝色与绿色的搭配，在色相环上跨越了 90°，但色相上的相似性程度依然很高

红色与蓝色的搭配，则更具对比效果。红色的手工地毯和皮质沙发，与典雅的浅蓝色墙面搭配，在洛可可式的石膏线映衬下，呈现出一种既典雅又时尚的对比效果

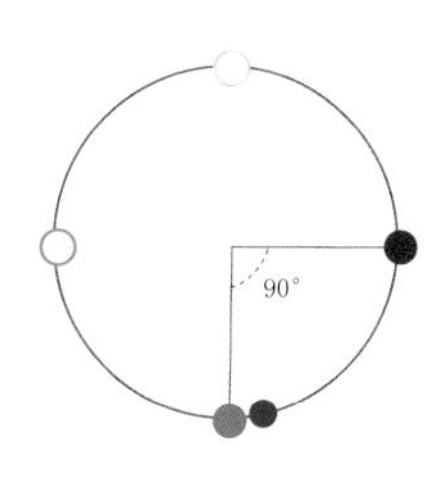

1.2.2 彩度相似

任何一种纯彩色与黑色、白色混合，通过混入量的逐级增减，都会形成一种渐变。在这样的渐变关系中，我们会发现这些颜色可以形成一个三角形。在这个三角形中，我们可以看到白色、黑色与纯彩色的变化关系，还可以看到颜色的彩度关系。

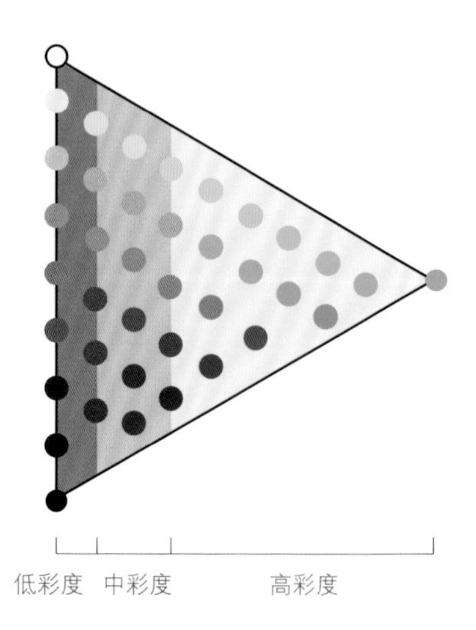

彩度，即颜色的鲜艳程度。越靠近黑白轴的颜色，鲜艳程度越低，即彩度越低，反之则彩度越高。无彩度的颜色即为“无彩色”。

对彩度的控制是达到室内色彩和谐的重点之一。低彩度区域的颜色看起来比较灰，略带彩度的灰色就是我们通常所说的“高级灰”。

中彩度区域的颜色在室内空间中应用十分广泛。高彩度区域的颜色在室内空间中一般不会大面积出现。

远山呈现低彩度的绿色相，而近处的草场则保持着绿植原有的高彩度

无彩色

低彩度色

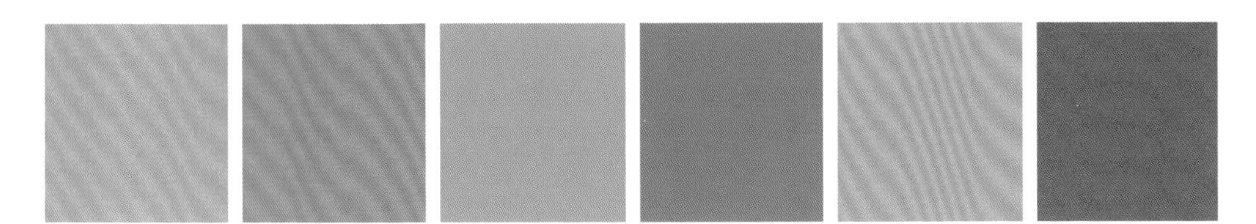

中彩度色

高彩度色

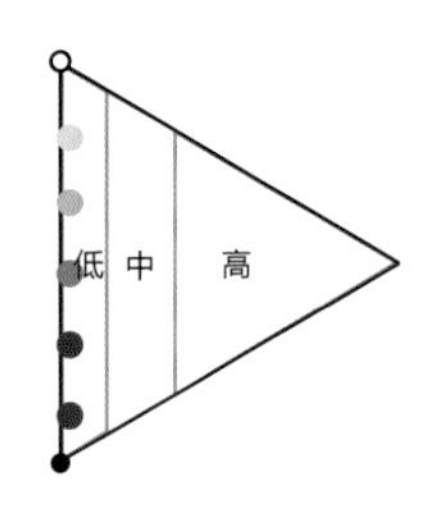

打造低彩度的高级灰室内空间，关键在于把握丰富的深浅层次，以及高品质质感的材质肌理

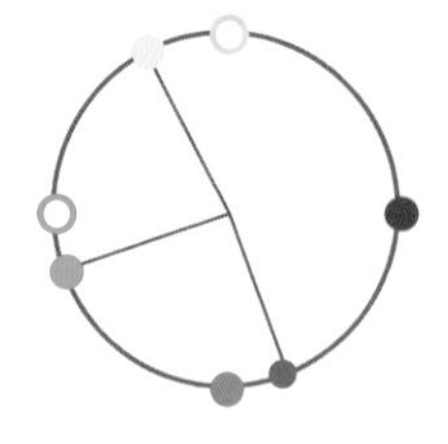

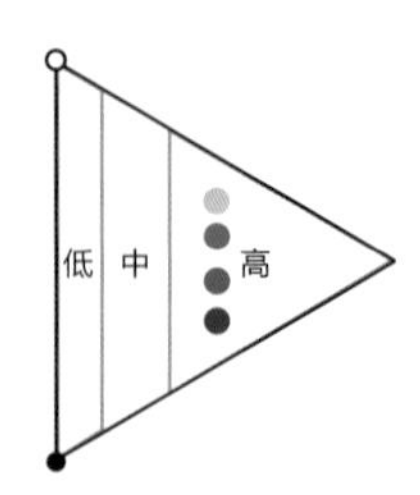

在高彩度的色彩组合空间里，控制颜色的深浅搭配是成功的关键

1.3 室内色彩对比原则

1.3.1 色相对比

在色相环中，超过 90° 的色彩搭配，就能够达到色相对比的效果。在彩度较高的情况下，色相间呈现的角度越大，表达的感情越强烈，色彩的组合越有活力。当两个色相之间呈现 180° 的关系时，这两个颜色就形成了视觉补偿色，也就是我们常说的补色。

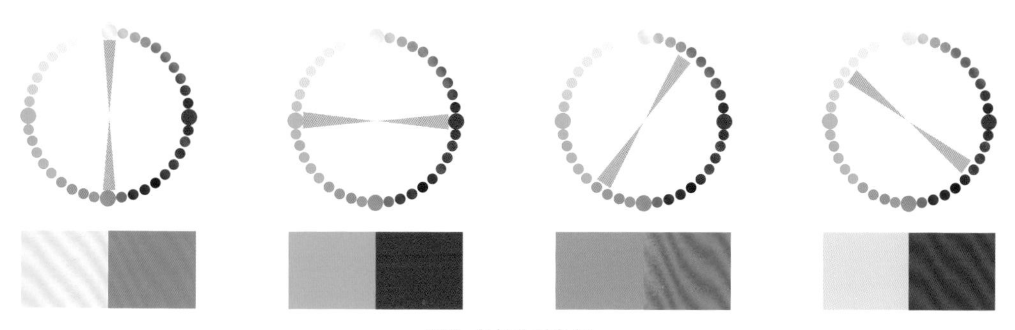

180° 色相关系举例

因为每个人对补色的感知范围略有偏差，所以并不是绝对的 180° 才能达到补色效果，在实际情况中，当两个颜色的色相在色相环中达到 135° 时，对比感就已经很强烈了。

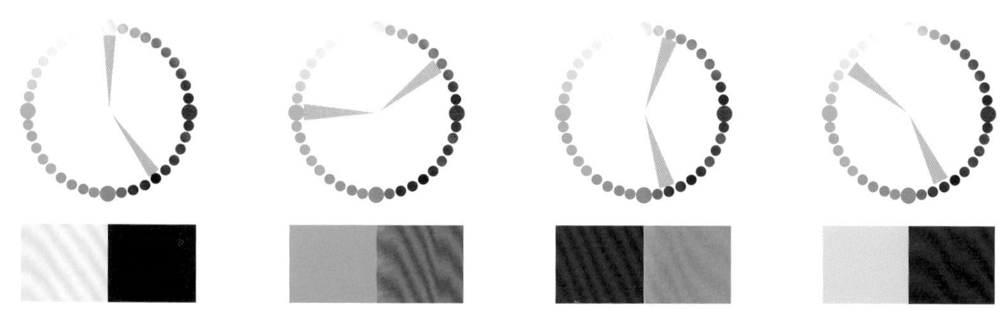

135° 色相关系举例

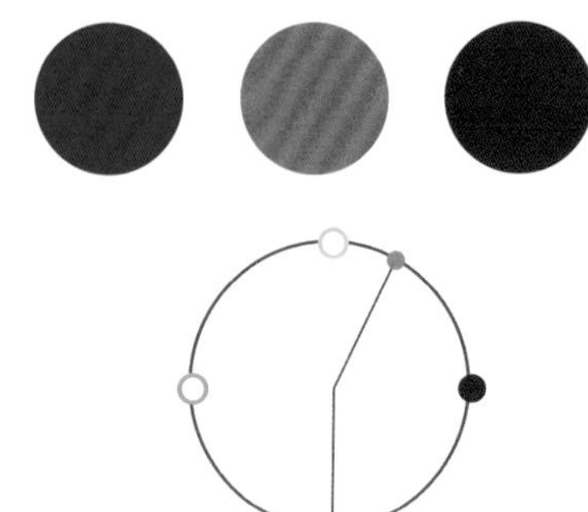

蓝色的墙面及橱柜形成空间中的主体色，而橙黄色扶手椅则与之形成135° 角左右的对比色关系。地面斑驳的红色手工地毯，则是黄蓝两色之间的过渡。在色相上三个颜色的对比关系显著

设计工作室：GM Construction, Inc.

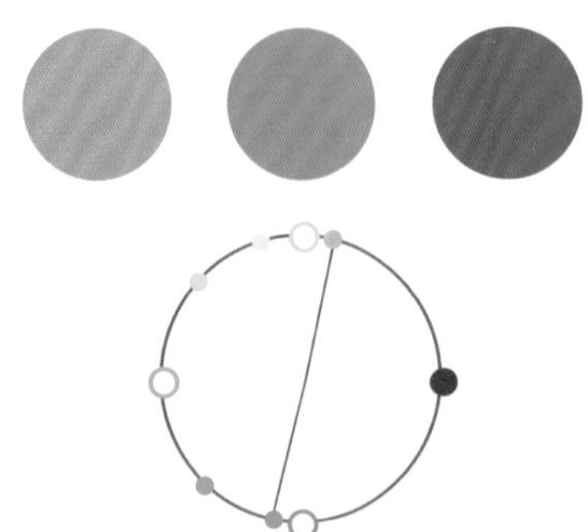

米黄色墙面是空间中的主色，与蓝色靠枕形成空间中主要的补色关系，而黄绿色、绿色靠垫，则成为两者之间的过渡色相

1.3.2 彩度对比

如果想要突出空间中的某一元素，体现空间中各个元素间的主次关系，彩度对比是较为有效和常见的手法。我们在实际的空间设计中，往往以低彩度颜色作主色，以中彩度颜色作辅助色，以高彩度颜色作点缀色和强调色。

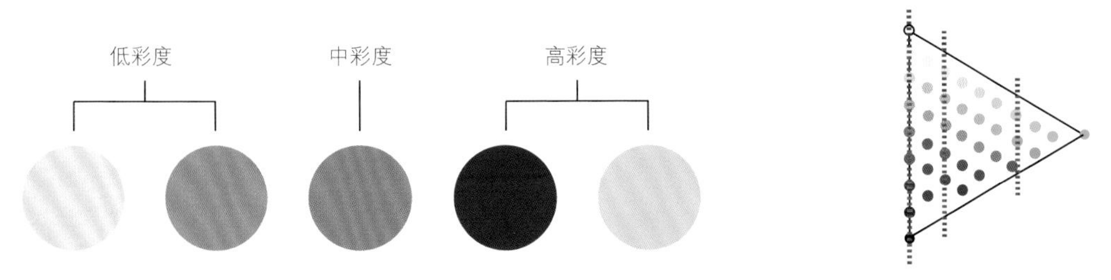

项目名称：上海家天下 设计公司：舍·无间室内设计工作室 设计师：杜沐

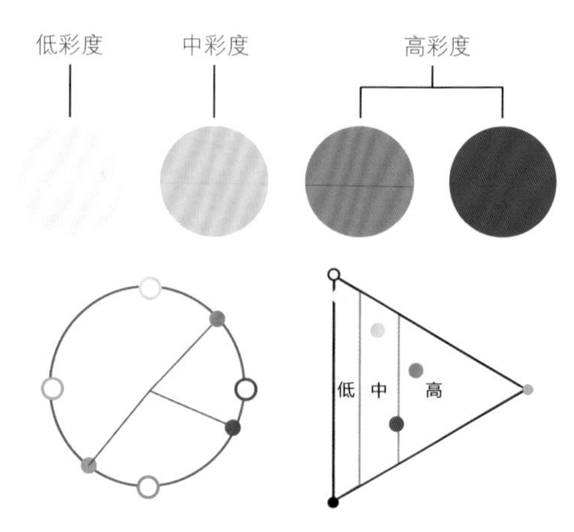

空间色彩搭配印象：浅色＋彩色。浅灰色的地面及白色的墙面、地毯，构成了画面的背景色，与高彩度的深翠绿色、橙色沙发形成强烈的对比。在这样的对比之下，沙发成了视觉的焦点，而中彩度的浅粉色则在高彩度的橙色与绿色之间起到调和的作用，同时也是浅色背景与浓郁的彩色沙发之间的过渡

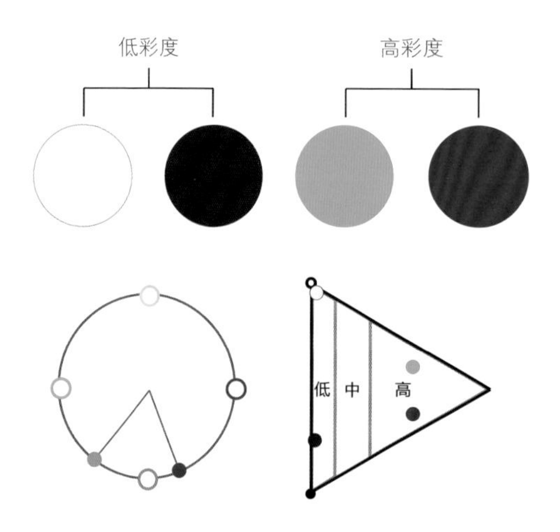

空间色彩搭配印象：深色＋蓝绿色。在散发着金属光泽的低彩度深色墙面的衬托下，高彩度的孔雀绿和藏青蓝显得愈加浓郁。白色灯罩也是重要的低彩度元素，打破了原本色彩组合给人的浓重、压抑之感

1.3.3 明度对比

明度，即颜色的深浅、明暗。

明度是色彩的天然属性，并没有特别的规律来框定，将一张彩色照片去色，就能清楚地看到颜色的深浅关系，明度与颜色的鲜艳程度、色相并没有必然的联系。我们以莫奈的名画《日出·印象》来举例，如果我们将这幅画做去色处理，只留下黑白效果，就会发现原本画面中的一轮红日消失了，再仔细观察，其实红日仍在，只是原本橘红色的太阳与周围的蓝色明度相近，在去除了色相之后，两者成了相近的灰色，因此感觉红日“消失”了。

明度对比关系在任何设计中都是重要的设计要素。在室内设计中，明度对比决定了空间的层次感。明度对比按照对比程度，大致可以分为：高对比、中对比、弱对比。明度对比越高，显得越硬朗、现代；明度对比越低，显得越柔和、古典。与图案及家具款式相结合时，这种表达更加明显。

强对比

中对比

弱对比

弱对比

弱对比

弱对比

明度对比越强烈，空间显得越硬朗；对比越弱，空间显得越柔和。想要打造现代感强烈的空间，明度对比强烈的色彩组合，无疑是明智的选择。而若想要打造女性的、古典的空间，选择明度对比弱、浅白的色彩组合，更容易出效果。

强对比

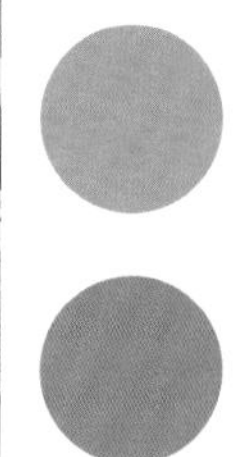

中对比

中对比

弱对比

1.3.4 肌理对比

色彩从来不能脱离于载体而单独存在，在考虑色彩关系的同时，也不能忽略肌理的和谐与对比。在室内设计中，材质之间的相互呼应和对比对空间的色彩表情也具有决定性的影响，在丰富的肌理对比之下，即使是平凡普通的灰色，也能表达出丰富的色彩情感。

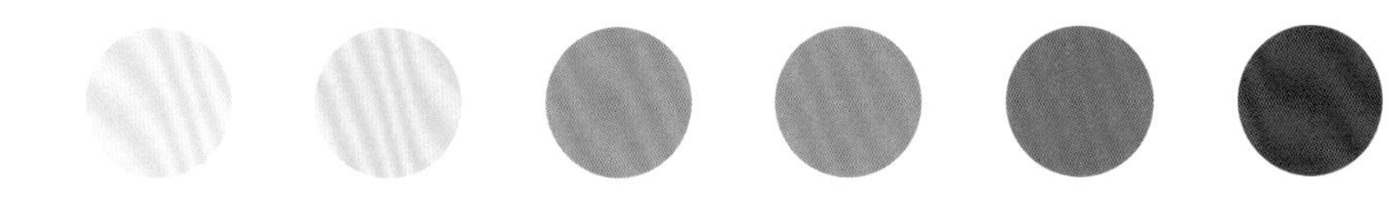

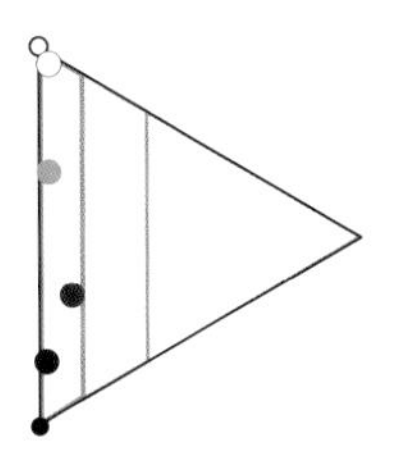

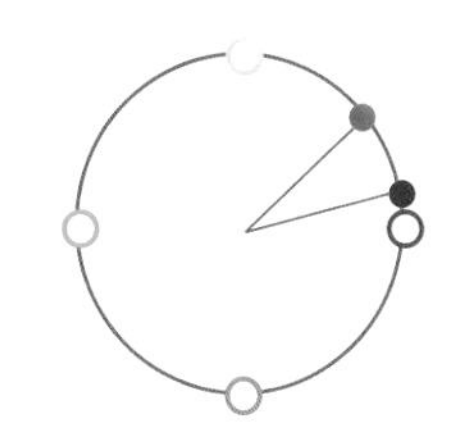

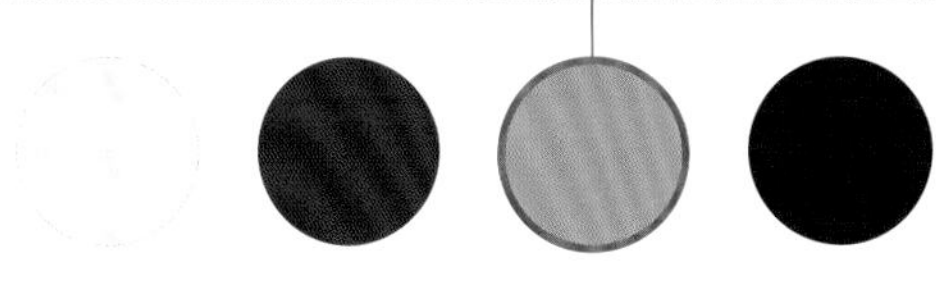

图中的窗帘、墙纸、地毯、毛毯均为同一种颜色，但窗帘的光泽感与墙纸的亚光表面形成完全不同的肌理表达，床上的毛毯则是其中最为粗糙的表面，与之呼应的地毯在粗糙程度上略有不同。这些细腻的肌理对比，令简单的颜色搭配变得不再简单，空间层次更加丰富，也显得更高端，品质感更强

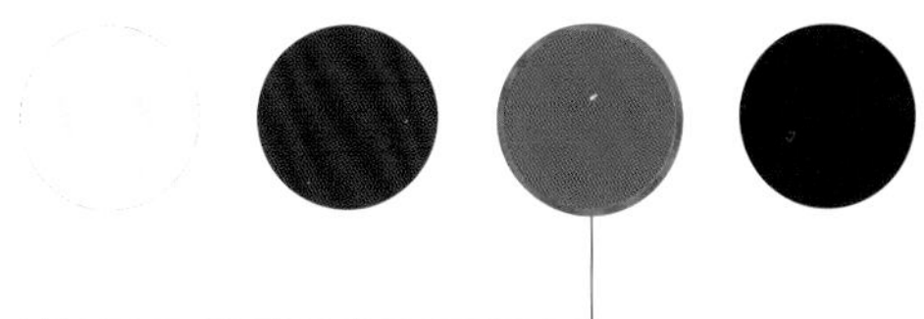

设计公司：Harrell Remodeling, Inc.

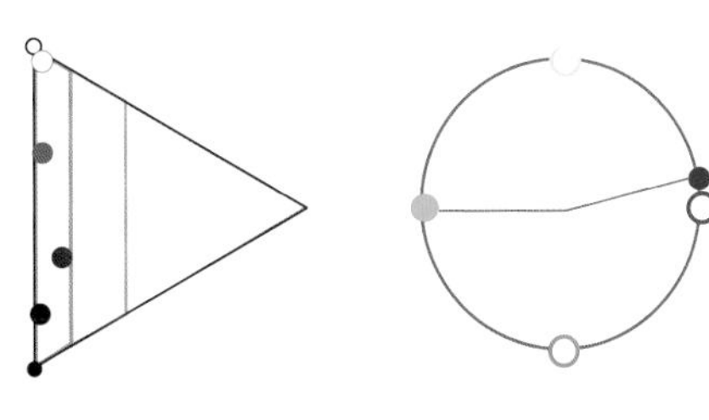

这个空间的整体配色与上图非常相似，只是墙面颜色有所不同。而这个墙面颜色在空间中的材质表达是唯一的，在空间体验上比上图要单薄得多

1.4 室内色彩构成原则

从事室内设计工作的设计师在接受专业训练时，都应该接触过“色彩构成”。那么“色彩构成”训练对室内设计有什么实际的作用呢？

当我们身处一个静态的三维空间时，我们的眼睛就好像一个取景框，将眼前的景象定格成二维的画面反映在大脑中。此时我们就可以用色彩构成法来分析空间中的色彩平衡关系，比例是否合适？空间感是否足够？想要强调的部分是否突出？想要弱化的部分又是否消隐了？

想要达到完美的色彩平衡效果，需要对色彩的进退感、轻重感等视觉效果了然于心。

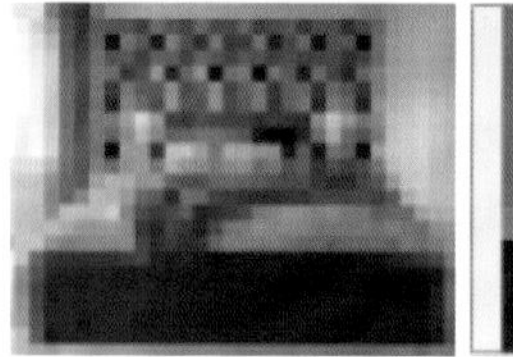

我们可以通过马赛克化，将图片中的每个色彩元素之间的关系概括出来，以便更清晰地看到每种颜色的面积和所占的比例

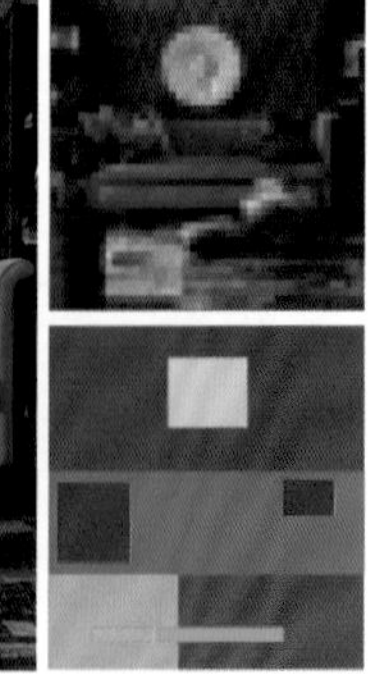

画面中的色彩极为丰富，但经过色彩概括后，我们可以看到清晰的色彩关系。有彩色由青色、玫红色、黄色组成，地毯虽然五彩斑斓，但总体的色彩印象也是玫红色相。虽然这个空间给人以绚丽多彩的感觉，但主要的色彩载体之间均有色彩呼应，例如：青色的沙发与地毯中的青色元素、抱枕之间的青色元素呼应，玫红色的靠垫与玫红色的花艺、地毯中的玫红色元素呼应，等等

1.4.1 色彩的进退感

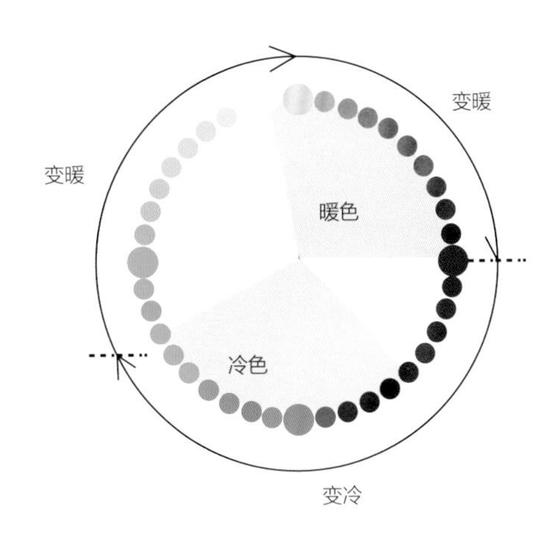

色相为红、黄区域的颜色，令人联想到火焰、阳光等温暖的事物，这类颜色被称为暖色。蓝紫、蓝绿区域的颜色，令人联想到天空、海水等凉爽的事物，这类颜色被称为冷色。

绿色、黄绿、玫红区域的颜色，相对于暖色来说偏冷，而相对于冷色来说偏暖。

如果从黄色相出发，沿顺时针方向至正红色，温暖的感觉逐渐增加，从正红色开始至蓝绿色逐渐变冷，随后又继续变暖。

总体来说，暖色有前进感，冷色有后退感。另外，低彩度的颜色有后退感，高彩度的颜色有前进感。

虽然蛋椅和茶几都在沙发的前面，但是鲜艳的藏青色沙发似乎更突出

当蛋椅的彩度增加，成为鲜艳的红色时，蛋椅似乎离观者更近

沙发的颜色变成橄榄绿时，似乎比藏青的沙发更靠近观者一些，沙发和蛋椅好像在同一个面上

墙面、地面变得鲜艳时，沙发、蛋椅、茶几、灯具似乎都是可以忽略的，感觉离观者很遥远

1.4.2 色彩的轻重感

在空间中，浅色相对于深色显得更加轻盈，而深色则更加沉重。

空间整体为浅色时给人以轻飘之感。在室内空间中，天花板往往为浅色，以避免给人头重脚轻之感

但"上浅下深"也并非绝对，如果空间内的层高过高，可以用相对较深的天花板，从视觉上压缩空间的高度

1.4.3 主色、辅助色、点缀色的控制原则

主色是一个空间中占面积比例最大的颜色，辅助色次之，点缀色最小。主色、辅助色、点缀色的面积比例可以按照 6 ∶ 3 ∶ 1 的比例去控制。主色往往以无彩色及彩灰优先，辅助色则多为中彩度颜色，点缀色一般是空间中彩度最高的颜色，或者主色为最浅的颜色，辅助色为略深的颜色，点缀色为最深的颜色。但这样的比例控制并不是绝对的，有时可能没有辅助色，只有主色和点缀色，有时几种主要的颜色没有明显的主、辅、点关系。只要在空间的色彩构成中，色彩之间的力量均衡，能够达到一种平衡的效果，就是成功的设计。

在这个空间中，主要的色彩关系为主、点关系，并没有明显的辅助色。天花板、墙面、石膏线、壁炉、沙发椅等都是由浅到深的灰色，共同构成了空间的主色，这几个灰色之间没有明显的主次关系。毛毯的红色与靠枕的亮黄色，共同构成了空间中的点缀色，其中毛毯的红色面积略大

这是一个较为典型的用彩度层层递进的方式来控制色彩面积比例的案例。墙面、地面、天花板都是接近白色的浅灰色；灰蓝色坐凳、低调的紫色椅子以及几乎在镜头之外的皮质座椅，均为中彩度中的色彩元素；空间中的色彩焦点是窗前的高彩度墨绿沙发，沙发上鲜艳的紫色靠枕更是点睛之笔

1.5 室内色彩和谐配色方案集

NCS S 1000-N
PANTONE12-4306 TPX
C:0 M:0 Y:2 K:6
R:245 G:245 B:243

NCS S 3020-B10G
PANTONE16-4411 TPX
C:48 M:30 Y:33 K:0
R:149 G:165 B:165

NCS S 4550-R80B
PANTONE19-4056 TPX
C:91 M:78 Y:50 K:15
R:38 G:66 B:96

NCS S 4030-R90B
PANTONE18-4036 TPX
C:77 M:58 Y:44 K:1
R:76 G:106 B:127

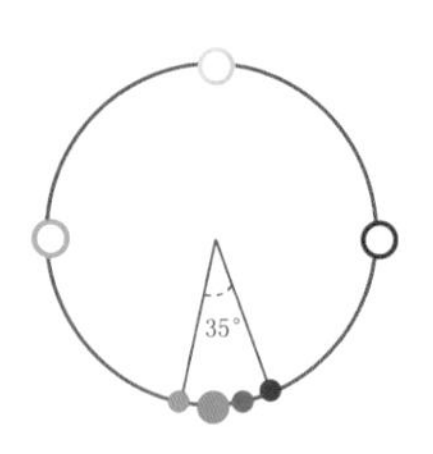

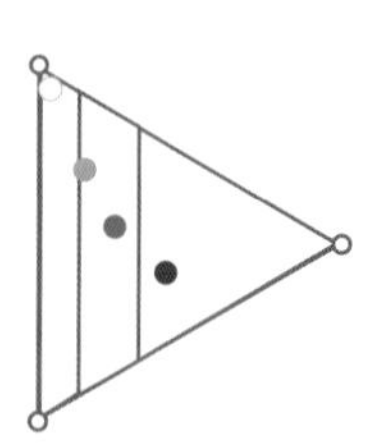

NCS S 1502-Y	NCS S 2060-R10B	NCS S 5030-B70G	NCS S 5040-R80B
PANTONE12-4302 TPX	PANTONE18-4247 TPX	PANTONE18-5620 TPX	PANTONE17-4139 TPX
C:0 M:0 Y:10 K:10	C:81 M:52 Y:0 K:0	C:85 M:40 Y:69 K:1	C:86 M:72 Y:43 K:5
R:239 G:237 B:223	R:43 G:116 B:196	R:0 G:127 B:103	R:53 G:81 B:115

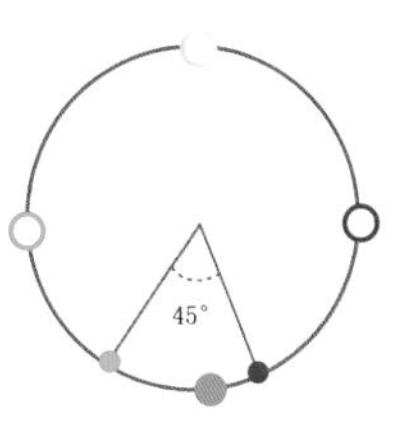

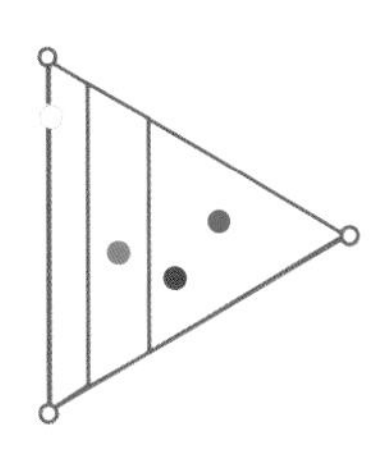

NCS S 0500-N
PANTONE11-4800TPX
C:0 M:0 Y:1 K:1
R:254 G:253 B:253

NCS S 3020-R80B
PANTONE16-3911 TPX
C:52 M:40 Y:35 K:0
R:140 G:147 B:153

NCS S 3040-B
PANTONE17-4328 TPX
C:77 M:34 Y:42 K:0
R:50 G:142 B:151

NCS S 3060-R80B
PANTONE19-4050 TPX
C:99 M:89 Y:35 K:2
R:23 G:57 B:118

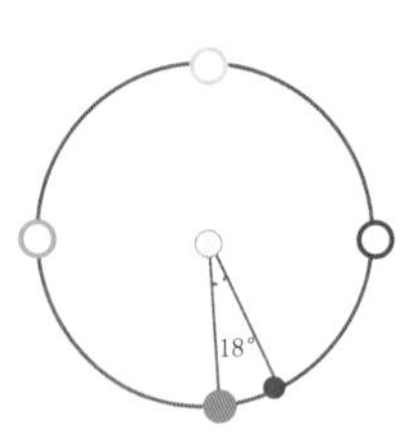

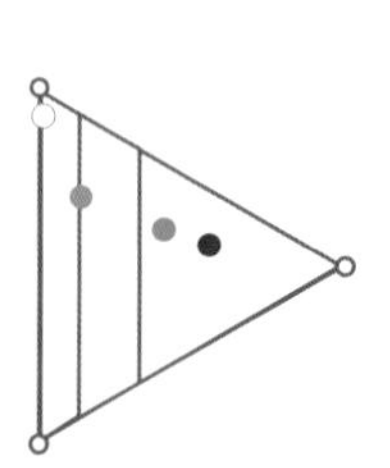

NCS S 1502-Y50R	NCS S 2020-R40B	NCS S 3030-R20B	NCS S 9000-N
PANTONE12-0404 TPX	PANTONE15-3508 TPX	PANTONE17-1512 TPX	PANTONE19-4007 TPX
C:0 M:4 Y:10 K:17	C:23 M:33 Y:27 K:0	C:42 M:64 Y:57 K:0	C:83 M:82 Y:89 K:72
R:225 G:220 B:208	R:206 G:179 B:174	R:168 G:111 B:101	R:24 G:18 B:11

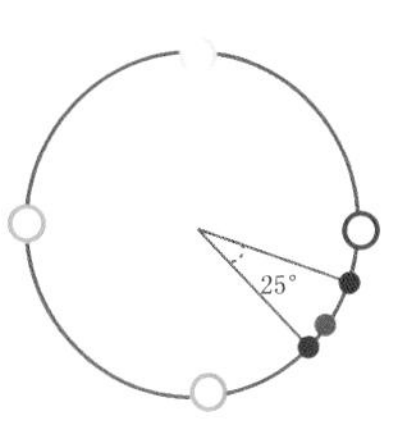

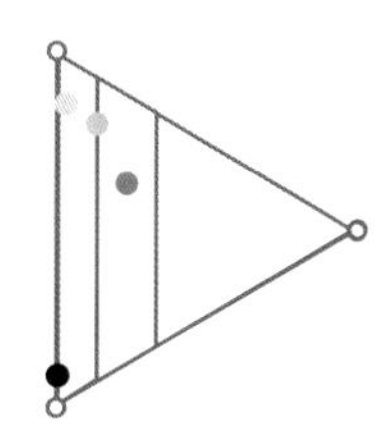

NCS S 1502-Y50R
PANTONE12-0404 TPX
C:0 M:4 Y:10 K:17
R:225 G:220 B:208

NCS S 4010-R40B
PANTONE16-3304 TPX
C:22 M:32 Y:26 K:0
R:206 G:179 B:175

NCS S 2050-Y50R
PANTONE16-1150 TPX
C:33 M:65 Y:89K:0
R:181 G:107 B:48

NCS S 2060-R
PANTONE17-1641 TPX
C:40 M:93 Y:81 K:5
R:170 G:51 B:56

设计师：Tr sitional H Office & Libr

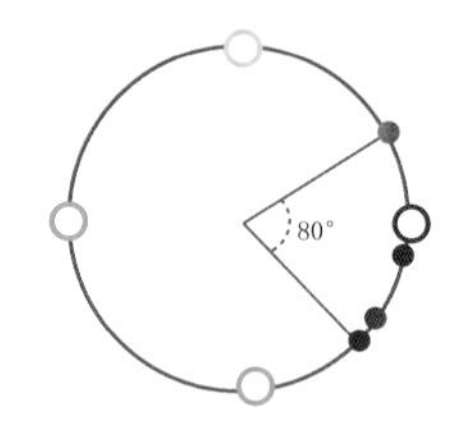

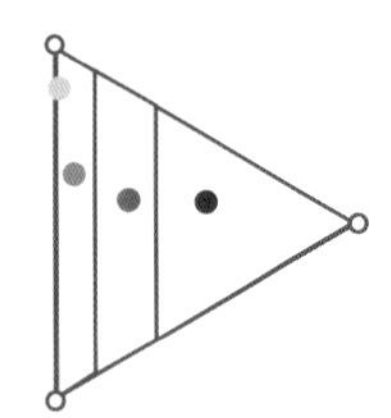

NCS S 1510-Y
PANTONE13-0611 TPX
C:17 M:15 Y:38 K:0
R:223 G:214 B:171

NCS S 1030-Y
PANTONE12-0722 TPX
C:8 M:6 Y:50 K:0
R:241 G:232 B:149

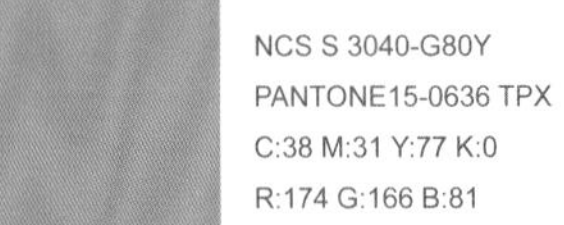

NCS S 3040-G80Y
PANTONE15-0636 TPX
C:38 M:31 Y:77 K:0
R:174 G:166 B:81

NCS S 0500-N
PANTONE11-4800 TPX
C:0 M:0 Y:1 K:1
R:254 G:253 B:253

设计：Contemporary Living Room

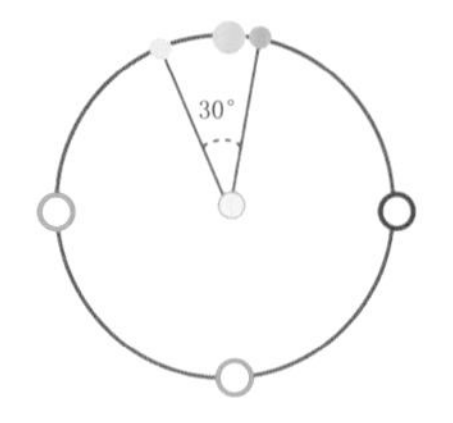

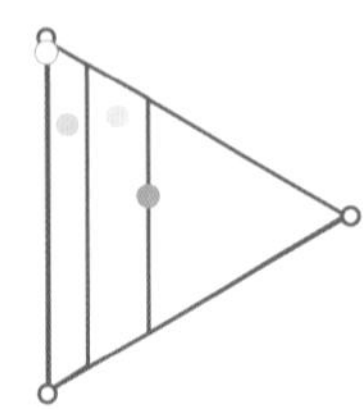

NCS S 2010-B90G
PANTONE14-4908 TPX
C:34 M:11 Y:27 K:0
R:184 G:209 B:194

NCS S 2040-G40Y
PANTONE15-0326 TPX
C:43 M:18 Y:74 K:0
R:167 G:188 B:91

NCS S 6020-G
PANTONE18-6011 TPX
C70 M:50 Y:77 K:7
R:93 G:114 B:79

NCS S 0500-N
PANTONE11-4800 TPX
C:0 M:0 Y:1 K:1
R:254 G:253 B:253

设计工作室：Viscusi Elson Interior Design - Gina Viscusi Elson

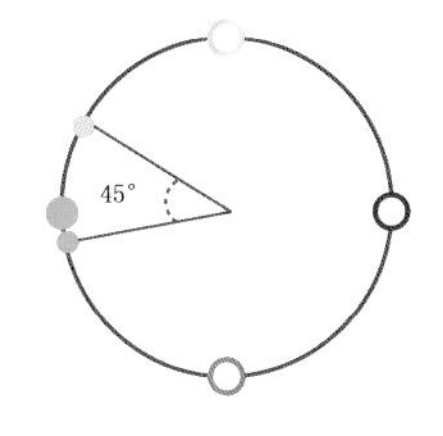

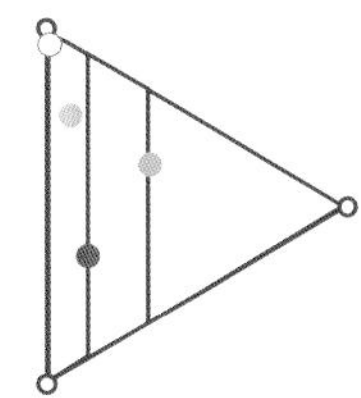

NCS S 0500-N
PANTONE11-4800 TPX
C:0 M:0 Y:1 K:1
R:254 G:253 B:253

NCS S 0540-Y
PANTONE12-0727 TPX
C:11 M:12 Y:62 K:0
R:242 G:224 B:117

NCS S 5020-Y70R
PANTONE18-1030 TPX
C:51 M:66 Y:81 K:9
R:142 G:97 B:63

NCS S 2502-B
PANTONE14-4503 TPX
C:4 M:0 Y:0 K:35
R:185 G:189 B:191

设计师：Michelle Chaplin Interiors

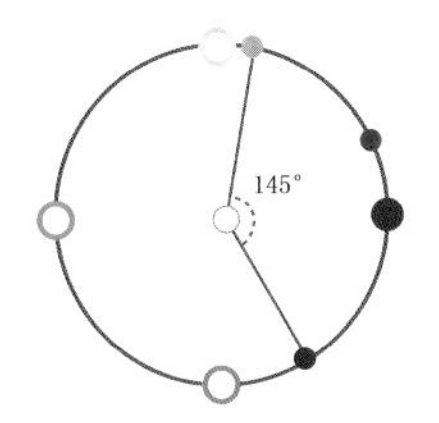

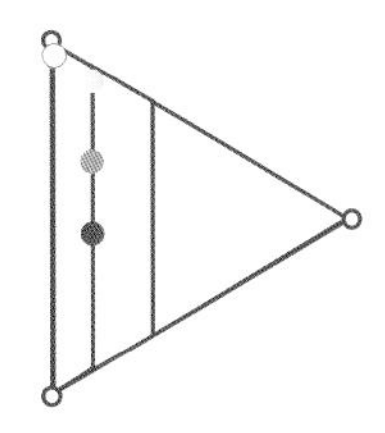

NCS S 2010-B90G
PANTONE12-5505 TPX
C:24 M:10 Y:20 K:0
R:206 G:219 B:208

NCS S 0500-N
PANTONE11-4800 TPX
C:0 M:0 Y:1 K:1
R:254 G:253 B:253

NCS S 4050-R90B
PANTONE18-4045 TPX
C:92 M:80 Y:44 K:7
R:40 G:67 B:107

NCS S 5030-R60B
PANTONE18-3817 TPX
C:76 M:76 Y:56 K:20
R:77 G:66 B:84

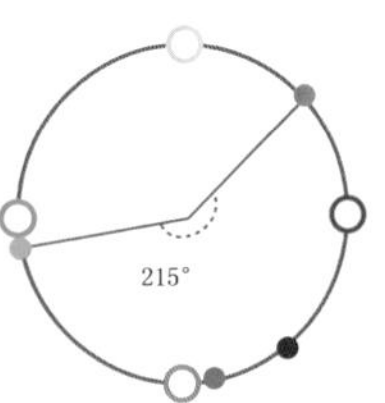

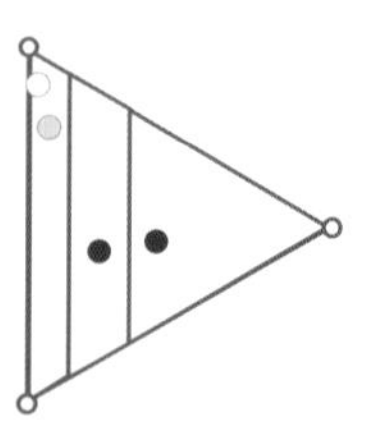

NCS S 3020-G30Y
PANTONE16-0220 TPX
C:47 M:27 Y:56 K:0
R:153 G:170 B:126

NCS S 0500-N
PANTONE11-4800 TPX
C:0 M:0 Y:1 K:1
R:254 G:253 B:253

NCS S 5030-R80B
PANTONE18-4029 TPX
C:86 M:75 Y:53 K:18
R:50 G:69 B:91

NCS S 3020-Y30R
PANTONE16-0924 TPX
C:44 M:49 Y:66 K:0
R:163 G:135 B:95

设计公司：Smith & Vansant Architects PC

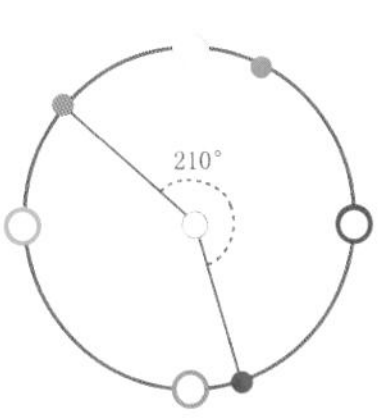

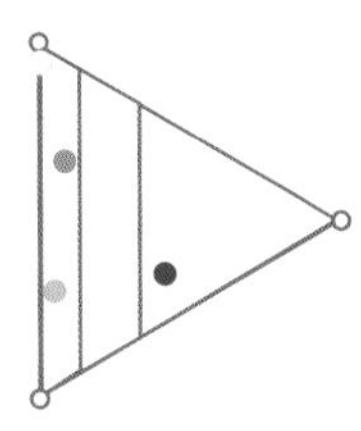

NCS S 2002-G
PANTONE13-4303 TPX
C:5 M:0 Y:8 K:25
R:203 G:207 B:199

NCS S 2010-G30Y
PANTONE13-4303 TPX
C:25 M:12 Y:31 K:0
R:205 G:214 B:185

NCS S 4030-B30G
PANTONE16-4612 TPX
C:67 M:36 Y:53 K:0
R:99 G:143 B:128

NCS S 1040-Y10R
PANTONE13-0941 TPX
C:17 M:29 Y:66 K:0
R:224 G:188 B:101

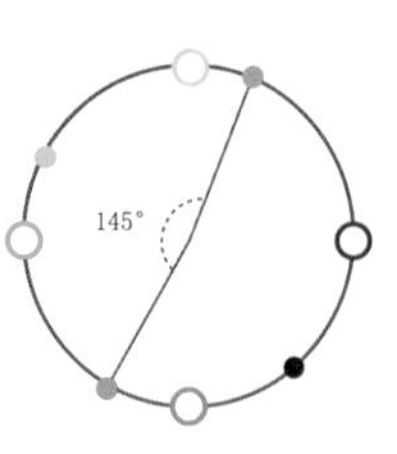

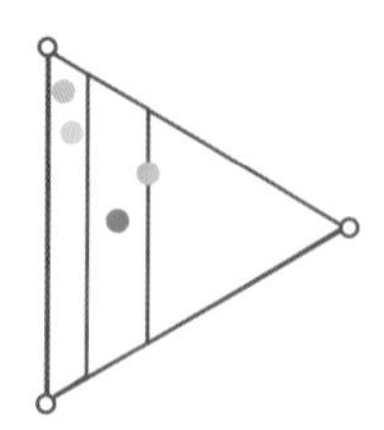

NCS S 1502-Y50R	NCS S 3030-B10G	NCS S 4050-R10B	NCS S 5020-R60B
PANTONE12-0404 TPX	PANTONE16-4421 TPX	PANTONE18-2027 TPX	PANTONE17-3922 TPX
C:0 M:4 Y:10 K:17	C:61 M:25 Y:40 K:0	C:59 M:92 Y:78 K:45	C:72 M:69 Y:59 K:17
R:225 G:220 B:208	R:173 G:164 B:158	R:89 G:30 B:38	R:87 G:80 B:86

设计师：Michelle Chaplin Interiors

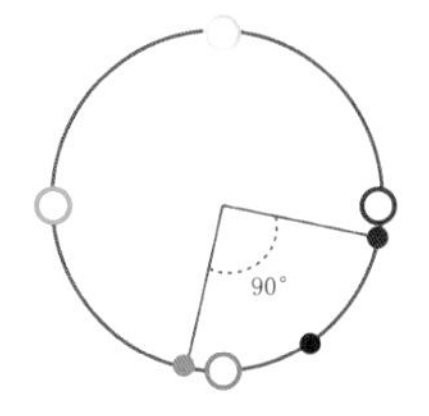

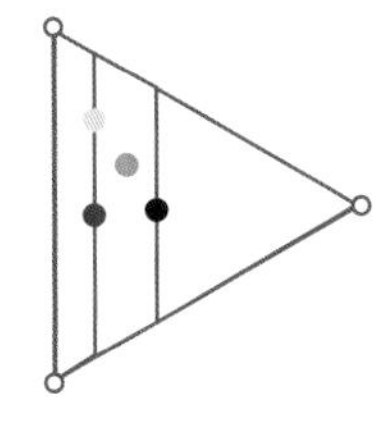

NCS S 4030-R50B
PANTONE17-3612 TPX
C:63 M:62 Y:35 K:2
R:120 G:105 B:134

NCS S 1030-R50B
PANTONE14-3206 TPX
C:32 0 M:36 Y:14 K:0
R:188 G:169 B:192

NCS S 2502-B
PANTONE14-4503 TPX
C:4 M:0 Y:0 K:35
R:185 G:189 B:191

NCS S 5005-R50B
PANTONE17-3906 TPX
C:5 M:7 Y:0 K:60
R:130 G:128 B:132

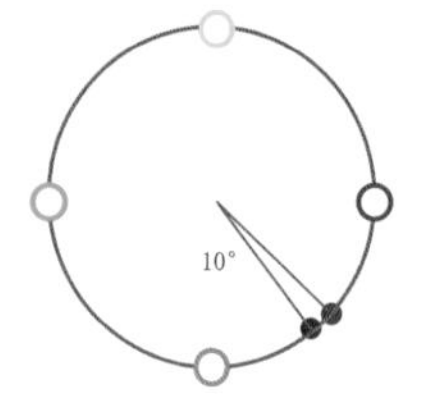

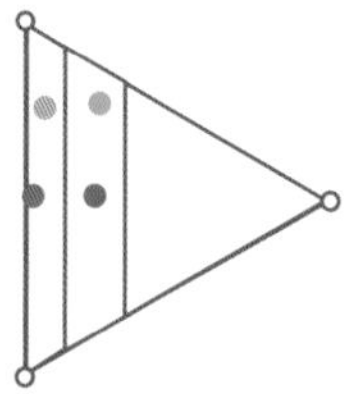

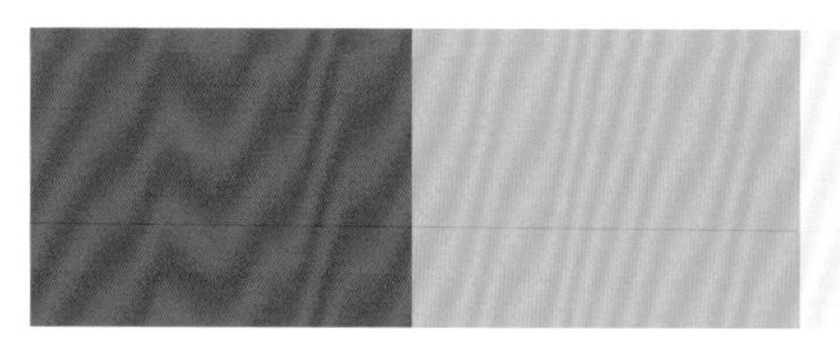

NCS S 2050-Y60R	NCS S 0520-Y70R	NCS S 0603-Y80R	NCS S 1000-N
PANTONE15-1242 TPX	PANTONE13-1021 TPX	PANTONE12-1106 TPX	PANTONE12-4306 TPX
C:29 M:64 Y:79 K:0	C:2 M:28 Y:39 K:0	C:5 M:7 Y:8 K:0	C:0 M:0 Y:2 K:6
R:196 G:115 B:64	R:251 G:202 B:158	R:245 G:239 B:234	R:245 G:245 B:243

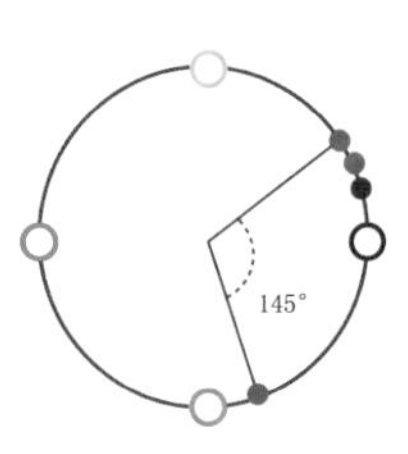

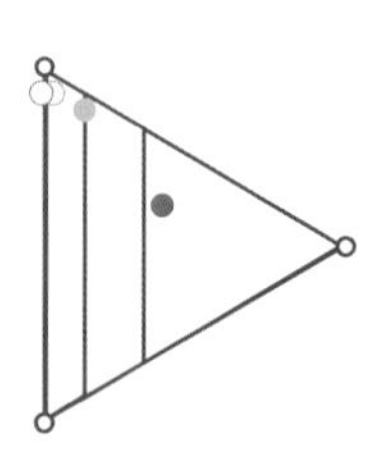

NCS S 8010-Y90R
PANTONE19-1518 TPX
C:69 M:78 Y:83 K:53
R:63 G:42 B:33

NCS S 4030-R70B
PANTONE18-3930 TPX
C:77 M:69 Y:50 K:9
R:78 G:84 B:94

NCS S 1515-R
PANTONE12-1206 TPX
C:20 M:26 Y:24 K:0
R:213 G:193 B:185

NCS S 1000-N
PANTONE12-4306 TPX
C:0 M:0 Y:2 K:6
R:245 G:245 B:243

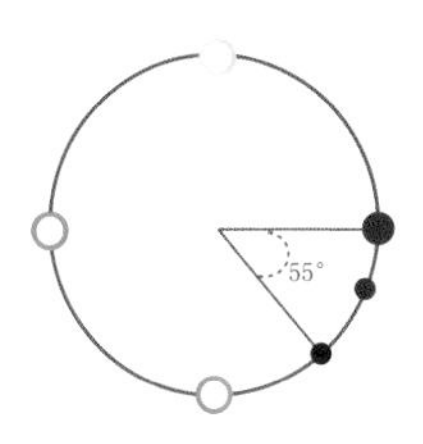

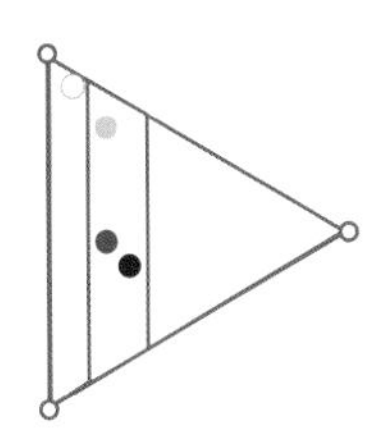

NCS S 0502-R
PANTONE11-2511 TPX
C:9 M:10 Y:8 K:0
R:237 G:231 B:230

NCS S 6020-B90G
PANTONE17-6212 TPX
C:78 M:59 Y:82 K:26
R:62 G:84 B:60

NCS S 1050-R10B
PANTONE16-1723 TPX
C:15 M:71 Y:54 K:0
R:224 G:105 B:99

NCS S 9000-N
PANTONE19-4007 TPX
C:83 M:82 Y:89 K:72
R:24 G:18 B:11

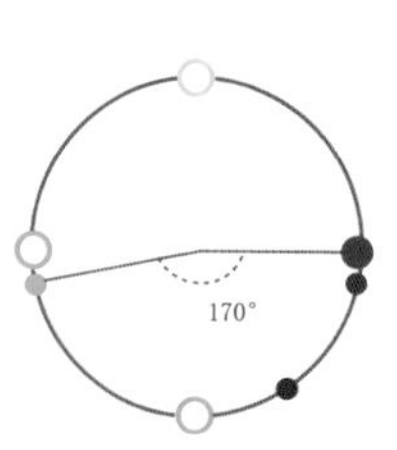

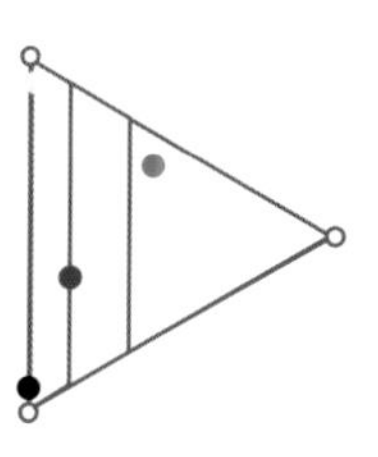

NCS S 0500-N	NCS S 2020-R80B	NCS S 5030-Y70R	NCS S 1060-Y10R
PANTONE11-4800 TPX	PANTONE15-4312 TPX	PANTONE17-1147 TPX	PANTONE15-0850 TPX
C:0 M:0 Y:1 K:1	C:30 M:5 Y:0 K:23	C:47 M:75 Y:85 K:11	C:19 M:38 Y:95 K:0
R:254 G:253 B:253	R:157 G:186 B:206	R:147 G:82 B:54	R:221 G:169 B:4

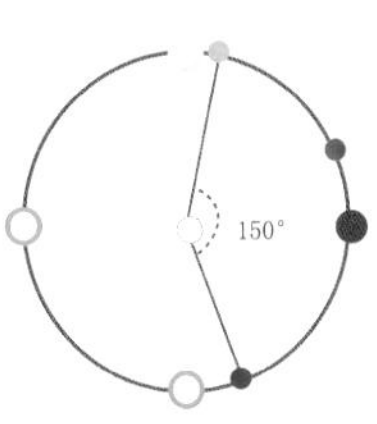

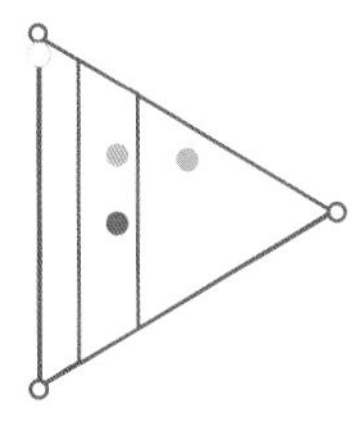

NCS S 0500-N	NCS S 6030-R	NCS S 2020-R80B	NCS S 4040-R80B
PANTONE11-4800 TPX	PANTONE19-1331 TPX	PANTONE15-4312 TPX	PANTONE19-4037 TPX
C:0 M:0 Y:1 K:1	C:60 M:80 Y:80 K:38	C:30 M:5 Y:0 K:23	C:84 M:74 Y:56 K:22
R:254 G:253 B:253	R:94 G:53 B:45	R:157 G:186 B:206	R:56 G:68 B:85

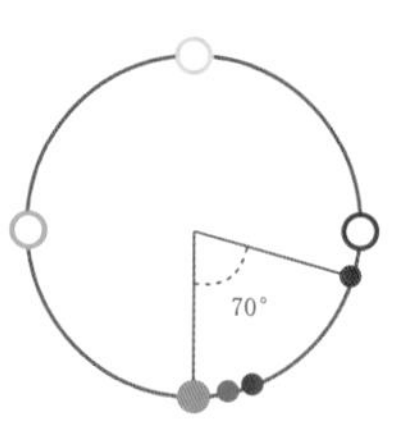

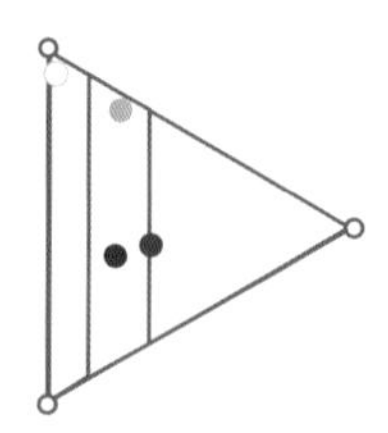

NCS S 0500-N	NCS S 3030-R80B	NCS S 9000-N	NCS S 4030-Y10R
PANTONE11-4800 TPX	PANTONE16-4021 TPX	PANTONE19-4007 TPX	PANTONE16-1326 TPX
C:0 M:0 Y:1 K:1	C:82 M:66 Y:50 K:8	C:83 M:82 Y:89 K:72	C:47 M:56 Y:99 K:2
R:254 G:253 B:253	R:62 G:87 B:107	R:24 G:18 B:11	R:158 G:120 B:39

项目名称：上海家天下　设计公司：舍·无间室内设计工作室　设计师：杜冰

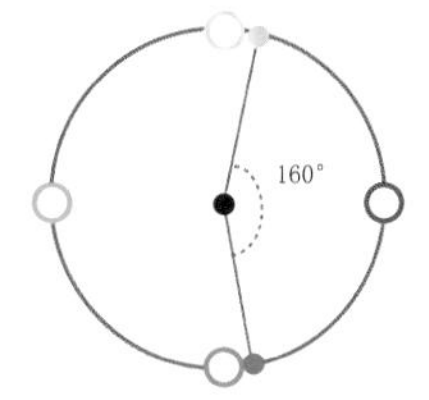

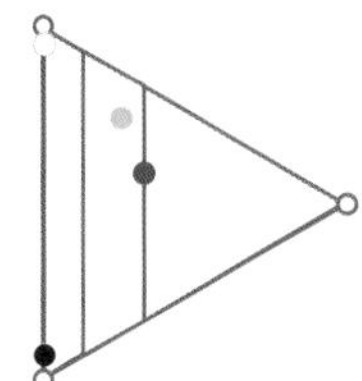

NCS S 0500-N
PANTONE11-4800 TPX
C:0 M:0 Y:1 K:1
R:254 G:253 B:253

NCS S 1030-B10G
PANTONE13-4809 TPX
C:41 M:8 Y:22 K:0
R:165 G:210 B:206

NCS S 7020-R40B
PANTONE19-3714 TPX
C:75 M:87 Y:73 K:58
R:50 G:26 B:35

NCS S 1502-Y50R
PANTONE12-0404 TPX
C:0 M:4 Y:10 K:17
R:225 G:220 B:208

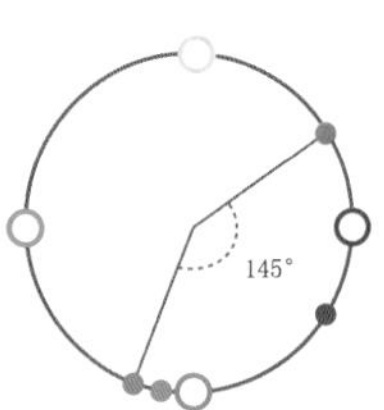

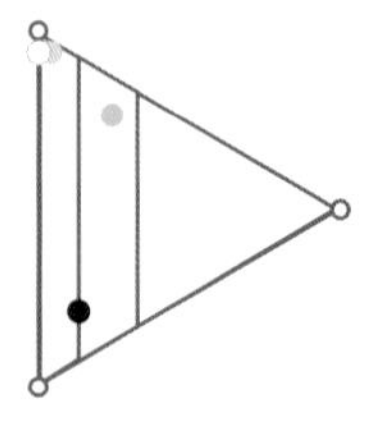

NCS S 2002-R	NCS S 5020-Y70R	NCS S 7020-R40B	NCS S 9000-N
PANTONE14-4002 TPX	PANTONE18-1030 TPX	PANTONE19-3714 TPX	PANTONE19-4007 TPX
C:0 M:5 Y:5 K:27	C:51 M:66 Y:81 K:9	C:75 M:87 Y:73 K:58	C:83 M:82 Y:89 K:72
R:206 G:200 B:197	R:142 G:97 B:63	R:50 G:26 B:35	R:24 G:18 B:11

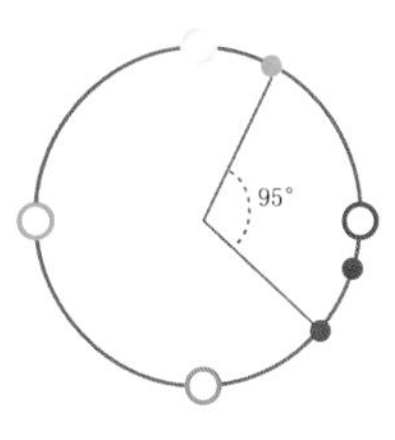

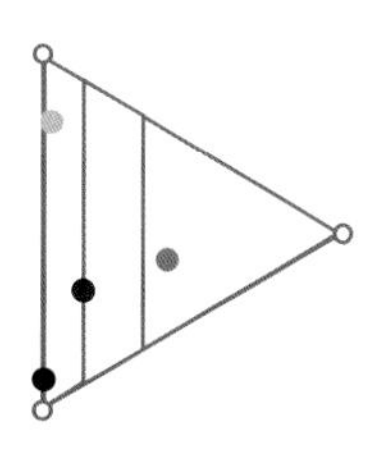

NCS S 0500-N	NCS S 2020-Y80R	NCS S 5040-B90G	NCS S 9000-N
PANTONE11-4800 TPX	PANTONE14-1310 TPX	PANTONE18-5424 TPX	PANTONE19-4007 TPX
C:0 M:0 Y:1 K:1	C:33 M:40 Y:49 K:0	C:100 M:0 Y:80 K:70	C:83 M:82 Y:89 K:72
R:254 G:253 B:253	R:186 G:159 B:129	R:0 G:71 B:39	R:24 G:18 B:11

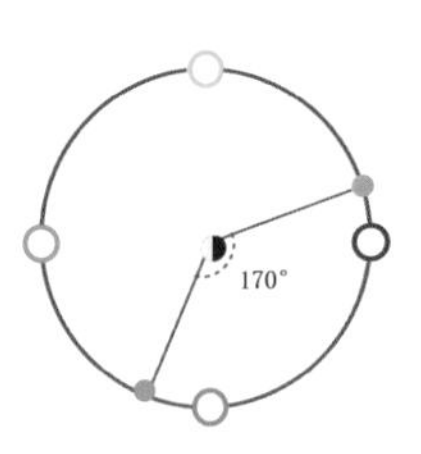

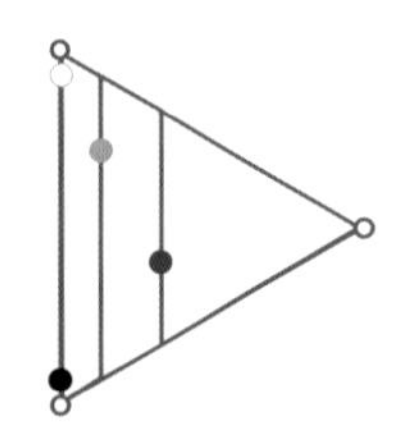

NCS S 0502-Y50R	NCS S 1020-B	NCS S 3040-Y30R	NCS S 9000-N
PANTONE11-0604 TPX	PANTONE15-4707 TPX	PANTONE16-1143 TPX	PANTONE19-4007 TPX
C:0 M:2 Y:10 K:0	C:44 M:15 Y:38 K:0	C:45 M:61 Y:81 K:3	C:83 M:82 Y:89 K:72
R:255 G:251 B:236	R:160 G:193 B:170	R:160 G:113 B:66	R:24 G:18 B:11

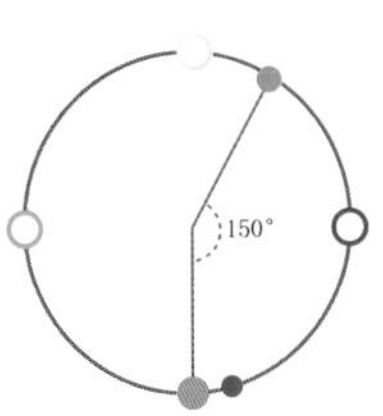

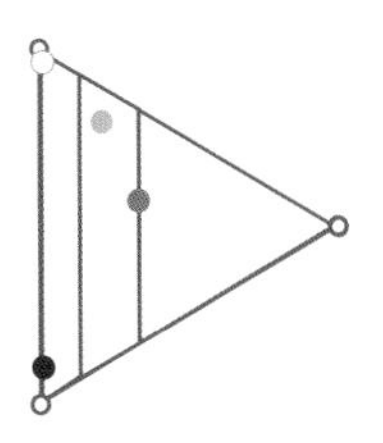

NCS S 0500-N
PANTONE11-4800 TPX
C:0 M:0 Y:1 K:1
R:254 G:253 B:253

NCS S 3000-N
PANTONE15-4203 TPX
C:0 M:1 Y:3 K:29
R:203 G:202 B:200

NCS S 7010-Y90R
PANTONE18-1415 TPX
C:65 M:67 Y:73 K:24
R:96 G:79 B:65

NCS S 8010-R70B
PANTONE19-4025 TPX
C:81 M:74 Y:69 K:42
R:48 G:52 B:55

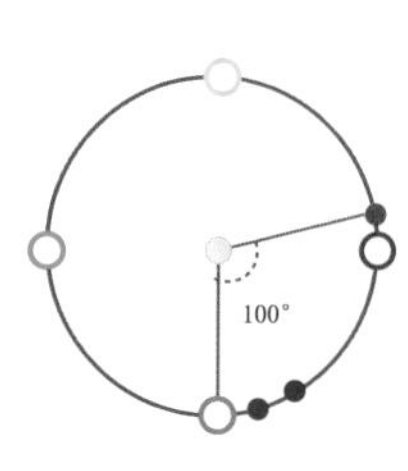

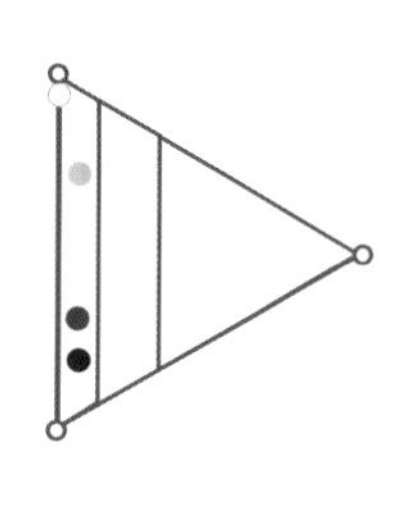

NCS S 1502-Y
PANTONE12-4302 TPX
C:0 M:0 Y:10 K:10
R:239 G:237 B:223

NCS S 4030-R80B
PANTONE17-4027 TPX
C:75 M:59 Y:42 K:1
R:83 G:104 B:127

NCS S 5040-G20Y
PANTONE18-6330 TPX
C:83 M:60 Y:100 K:39
R:42 G:70 B:17

NCS S 5030-R80B
PANTONE18-3921 TPX
C:85 M:71 Y:59 K:24
R:51 G:69 B:82

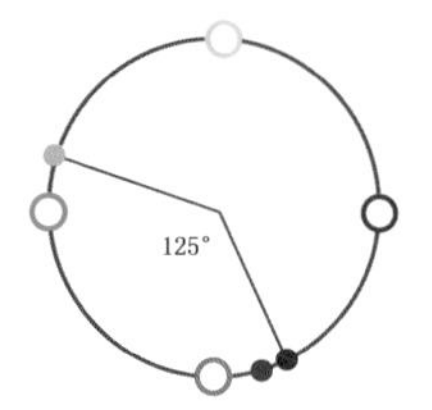

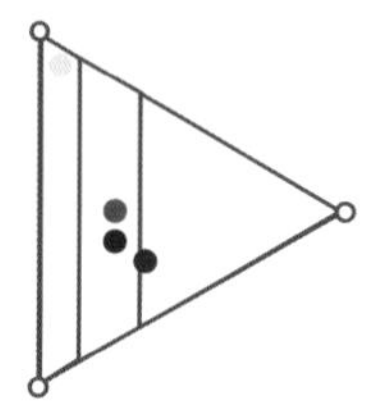

NCS S 3050-G10Y	NCS S 0500-N	NCS S 3010-G90Y	NCS S 3040-Y10R
PANTONE17-6229 TPX	PANTONE11-4800 TPX	PANTONE15-0513 TPX	PANTONE16-1133 TPX
C:88 M:54 Y:100 K:24	C:0 M:0 Y:1 K:1	C:42 M:36 Y:57 K:0	C:43 M:54 Y:91 K:1
R:22 G:89 B:31	R:254 G:253 B:253	R:168 G:160 B:119	R:168 G:126 B:51

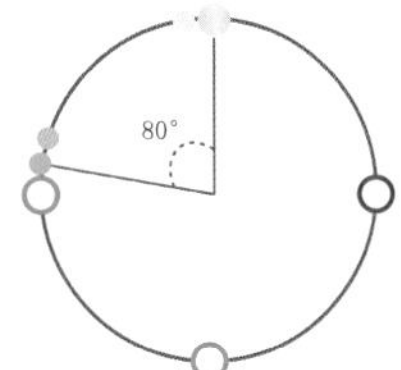

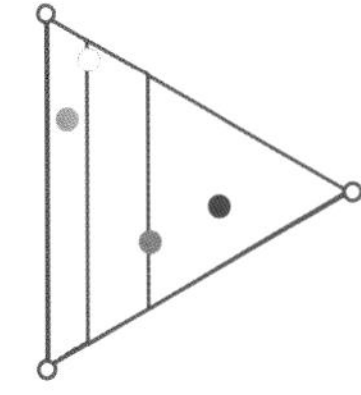

NCS S 1515-R80B	NCS S 4040-B20G	NCS S 5040-R90B	NCS S 2060-G80Y
PANTONE13-4110 TPX	PANTONE18-4726 TPX	PANTONE19-4044 TPX	PANTONE15-0543 TPX
C:30 M:18 Y:20 K:0	C:88 M:49 Y:67 K:7	C:92 M:78 Y:52 K:17	C:31 M:26 Y:94 K:0
R:192 G:199 B:199	R:1 G:109 B:97	R:34 G:64 B:90	R:198 G:183 B:23

设计单位：尚舍一屋

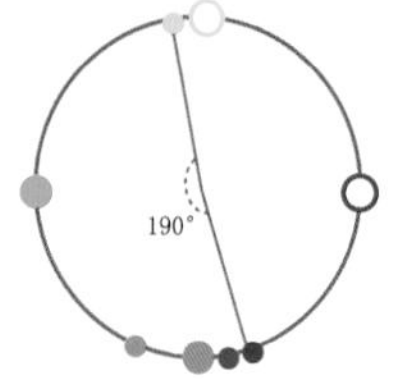

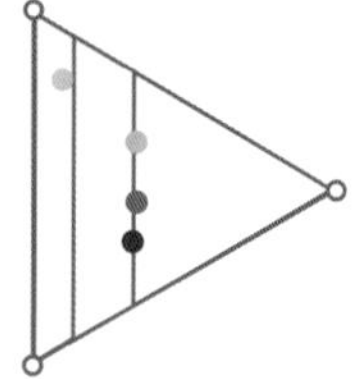

设计单位：尚舍一层

NCS S 5040-R80B
PANTONE19-4057 TPX
C:100 M:90 Y:55 K:28
R:13 G:44 B:77

NCS S 4005-R50B
PANTONE16-3803 TPX
C:67 M:56 Y:50 K:2
R:104 G:111 B:116

NCS S 3065-G60Y
PANTONE16-0540 TPX
C:71 M:50 Y:100 K:10
R:93 G:111 B:1

NCS S 2060-G80Y
PANTONE15-0543 TPX
C:31 M:26 Y:94 K:0
R:198 G:183 B:23

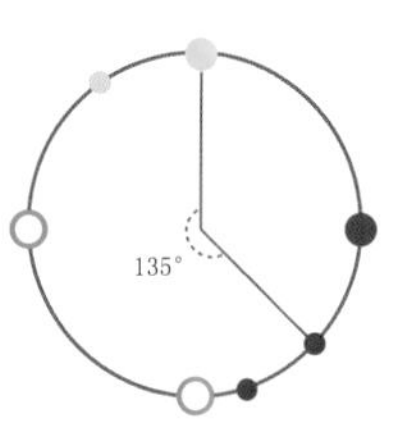

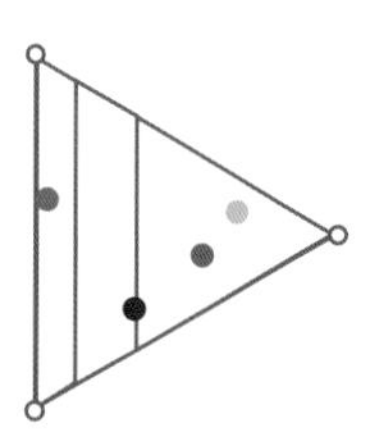

NCS S 8505-R20B	NCS S 4020-Y90R	NCS S 1050-Y90R	NCS S 1020-Y30R
PANTONE19-3903 TPX	PANTONE16-1118 TPX	PANTONE16-1632 TPX	PANTONE12-0822 TPX
C:85 M:89 Y:83 K:75	C:64 M:59 Y:78 K:15	C:24 M:62 Y:58 K:0	C:0 M:20 Y:43 K:0
R:19 G:5 B:10	R:107 G:98 B:68	R:206 G:122 B:100	R:251 G:214 B:155

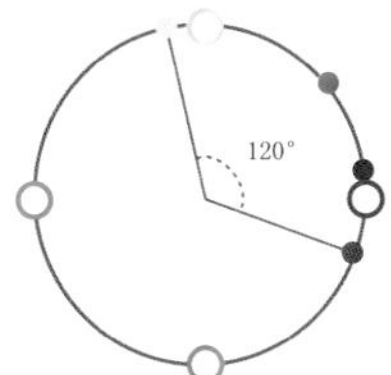

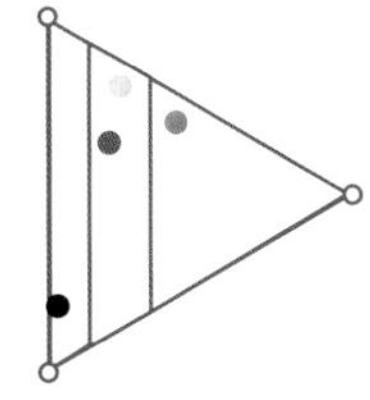

NCS S 1005-R	NCS S 6030-B90G	NCS S 1050-Y10R	NCS S 2030-R30B
PANTONE13-0002 TPX	PANTONE19-6311 TPX	PANTONE14-1036 TPX	PANTONE15-3214 TPX
C:13 M:14 Y:17 K:0	C:84 M:60 Y:90 K:36	C:14 M:36 Y:88 K:0	C:24 M:61 Y:37 K:0
R:229 G:220 B:210	R:39 G:72 B:46	R:233 G:177 B:35	R:207 G:125 B:133

Contemporary Living Room

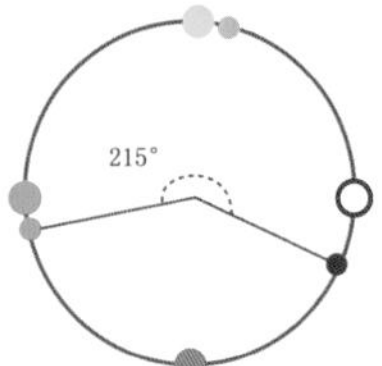

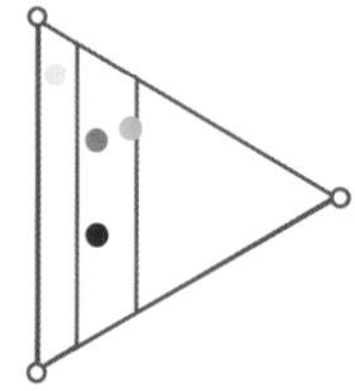

NCS S 0540-Y	NCS S 0520-R30B	NCS S 2040-R20B	NCS S 9000-N
PANTONE12-0727 TPX	PANTONE12-2906 TPX	PANTONE18-1635 TPX	PANTONE19-4007 TPX
C:11 M:12 Y:62 K:0	C:8 M:32 Y:18 K:0	C:21 M:73 Y:54 K:0	C:83 M:82 Y:89 K:72
R:242 G:224 B:117	R:237 G:192 B:192	R:212 G:99 B:97	R:24 G:18 B:11

设计师：annie stevens

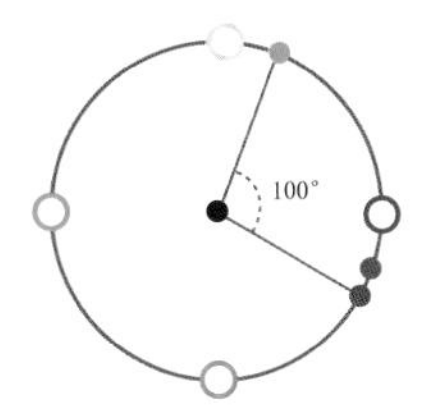

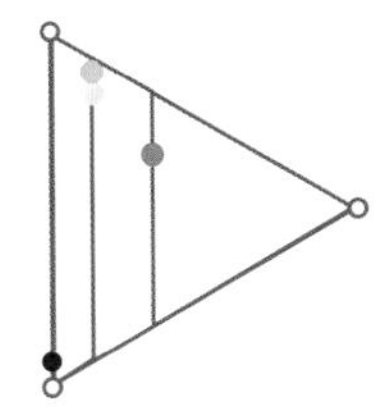

NCS S 0500-N
PANTONE11-4800 TPX
C:0 M:0 Y:1 K:1
R:254 G:253 B:253

NCS S 1030-Y
PANTONE13-0715 TPX
C:10 M:15 Y:54 K:0
R:242 G:221 B:136

NCS S 2060-R40B
PANTONE18-3027 TPX
C:35 M:99 Y:35 K:0
R:187 G:15 B:107

NCS S 1040-B
PANTONE15-4421 TPX
C:53 M:10 Y:15 K:0
R:128 G:197 B:219

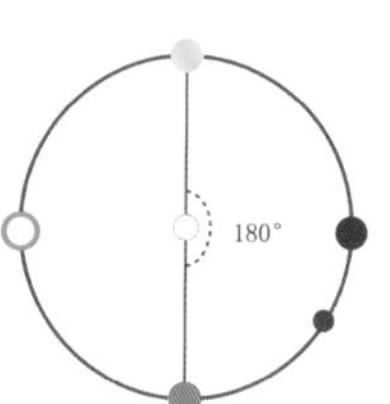

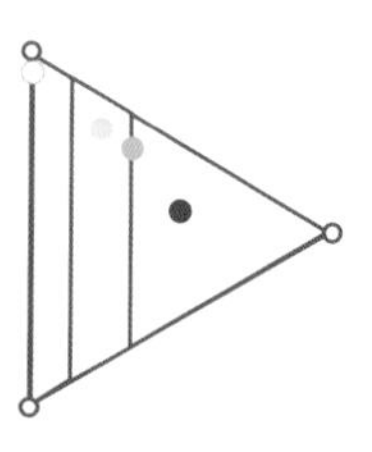

NCS S 1040-B	NCS S 1040-Y10R	NCS S 3050-Y90R	NCS S 6030-R80B
PANTONE15-4421 TPX	PANTONE13-0941 TPX	PANTONE18-1444 TPX	PANTONE19-3938 TPX
C:53 M:10 Y:15 K:0	C:17 M:29 Y:66 K:0	C:30 M:81 Y:81 K:0	C:89 M:83 Y:58 K:33
R:128 G:197 B:219	R:224 G:188 B:101	R:195 G:81 B:58	R:39 G:49 B:71

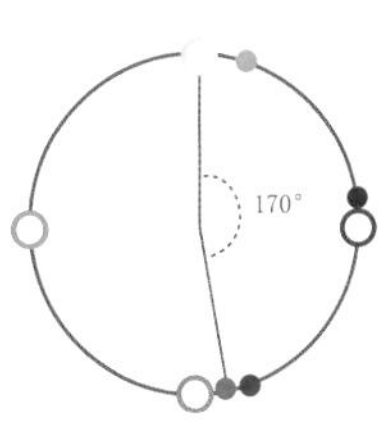

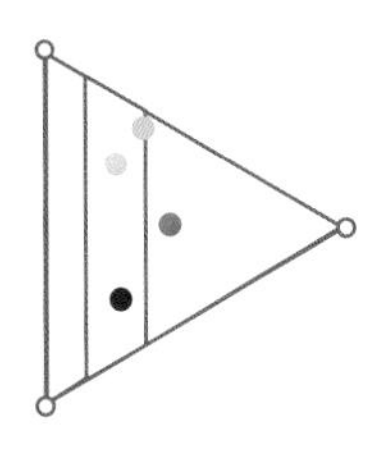

NCS S 1500-N	NCS S 0540-Y	NCS S 1040-B	NCS S 8010-R80B
PANTONE12-4306 TPX	PANTONE12-0727 TPX	PANTONE15-4421 TPX	PANTONE19-4025 TPX
C:0 M:1 Y:2 K:14	C:11 M:12 Y:62 K:0	C:53 M:10 Y:15 K:0	C:79 M:74 Y:68 K:40
R:231 G:230 B:229	R:242 G:224 B:117	R:128 G:197 B:219	R:55 G:55 B:58

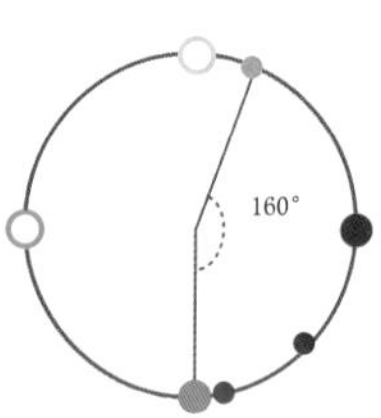

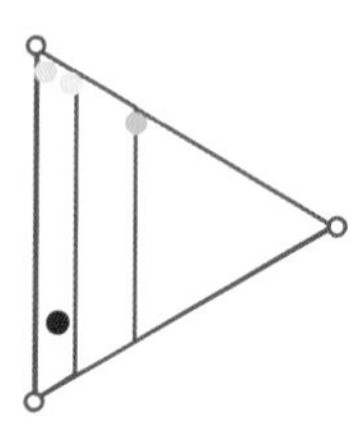

NCS S 0500-N	NCS S 7010-Y90R	NCS S 7010-R70B	NCS S 2050-Y40R
PANTONE11-4800 TPX	PANTONE18-1415 TPX	PANTONE19-3928 TPX	PANTONE15-1237 TPX
C:0 M:0 Y:1 K:1	C:65 M:67 Y:73 K:24	C:79 M:73 Y:62 K:29	C:18 M:58 Y:80 K:0
R:254 G:253 B:253	R:96 G:79 B:65	R:64 G:64 B:73	R:218 G:131 B:60

设计师：Adam Gibson

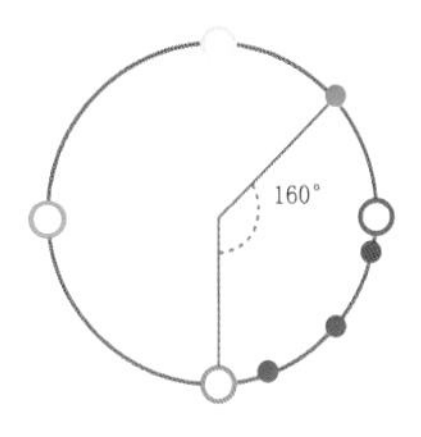

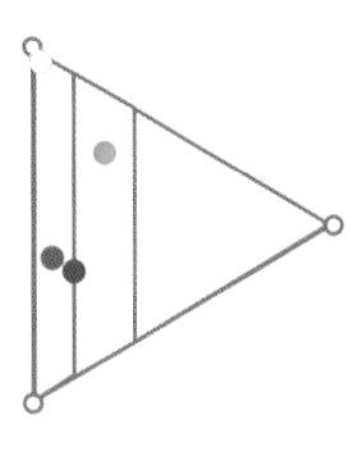

NCS S 1510-Y10R
PANTONE13-0613 TPX
C:12 M:11 Y:34 K:0
R:234 G:227 B:183

NCS S 3020-Y30R
PANTONE16-0924 TPX
C:44 M:49 Y:66 K:0
R:163 G:135 B:95

NCS S 1515-Y90R
PANTONE14-1309 TPX
C:14 M:34 Y:29 K:0
R:226 G:183 B:170

NCS S 4010-G10Y
PANTONE16-5807 TPX
C:65 M:50 Y:65 K:4
R:110 G:119 B:97

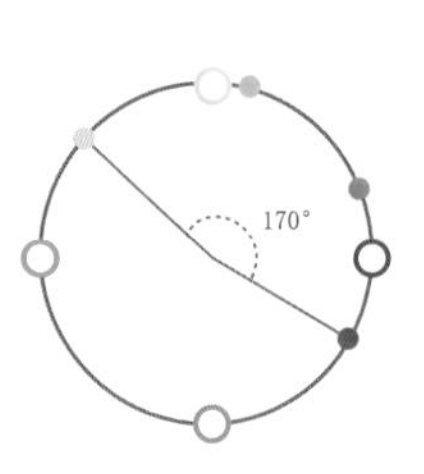

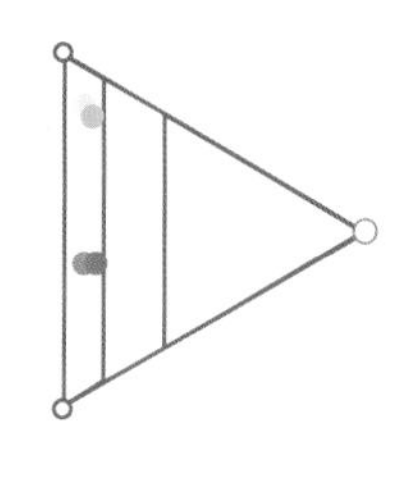

NCS S 2002-G
PANTONE13-4303 TPX
C:5 M:0 Y:8 K:25
R:203 G:207 B:199

NCS S 4020-G30Y
PANTONE17-0115 TPX
C:53 M:38 Y:76 K:0
R:141 G:147 B:85

NCS S 1515-Y90R
PANTONE14-1309 TPX
C:14 M:34 Y:29 K:0
R:226 G:183 B:170

NCS S 9000-N
PANTONE19-4007 TPX
C:83 M:82 Y:89 K:72
R:24 G:18 B:11

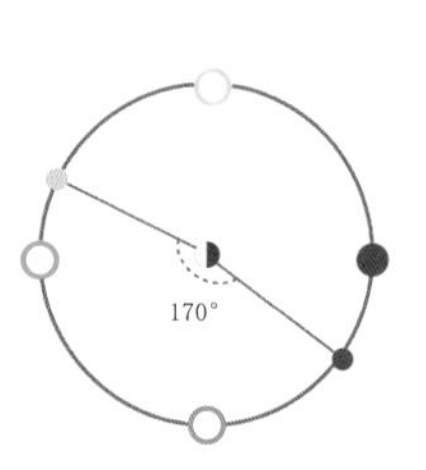

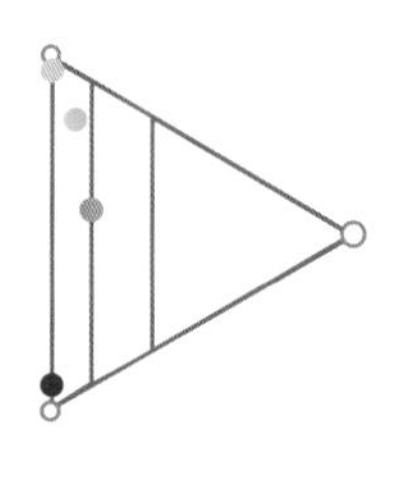

NCS S 0500-N
PANTONE11-4800TPX
C:0 M:0 Y:1 K:1
R:254 G:253 B:253

NCS S 2020-R60B
PANTONE17-3906 TPX
C:48 M:46 Y:47 K:0
R:150 G:138 B:128

NCS S 4030-R30B
PANTONE17-1710 TPX
C:58 M:72 Y:46 K:2
R:132 G:89 B:110

NCS S 6020-R40B
PANTONE19-1606 TPX
C:71 M:82 Y:82 K:60
R:54 G:31 B:27

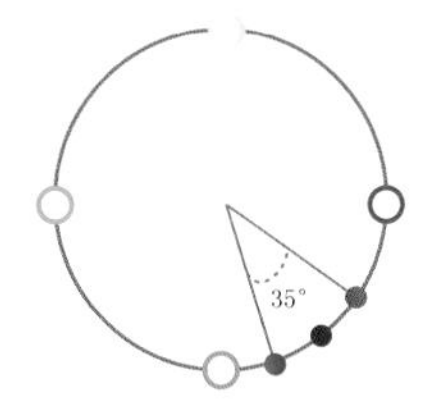

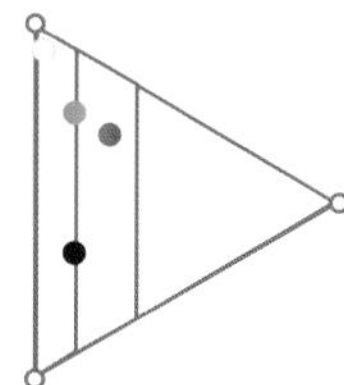

NCS S 1010-R50B
PANTONE13-0000 TPX
C:22 M:23 Y:35 K:0
R:211 G:197 B:169

NCS S 3050-G70Y
PANTONE16-0540 TPX
C:54 M:46 Y:99 K:2
R:142 G:133 B:43

NCS S 2030-R60B
PANTONE17-3410 TPX
C:44 M:62 Y:44 K:0
R:165 G:114 B:122

NCS S 3020-Y30R
PANTONE16-0924 TPX
C:44 M:49 Y:66 K:0
R:163 G:135 B:95

设计公司：Oliver Bea Design Ltd

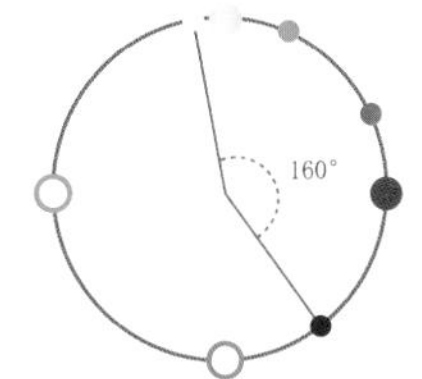

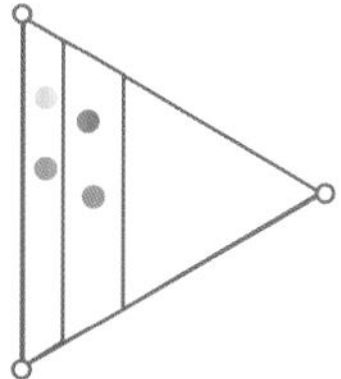

NCS S 2010-Y90R
PANTONE13-0002 TPX
C:15 M:22 Y:27 K:0
R:225 G:205 B:186

NCS S 3020-Y30R
PANTONE16-0924 TPX
C:44 M:49 Y:66 K:0
R:163 G:135 B:95

NCS S 1040-B
PANTONE15-4421 TPX
C:53 M:10 Y:15 K:0
R:128 G:197 B:219

NCS S 4030-R50B
PANTONE17-3612 TPX
C:75 M:78 Y:53 K:17
R:83 G:67 B:89

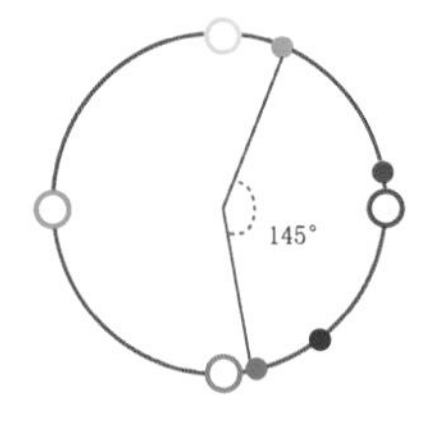

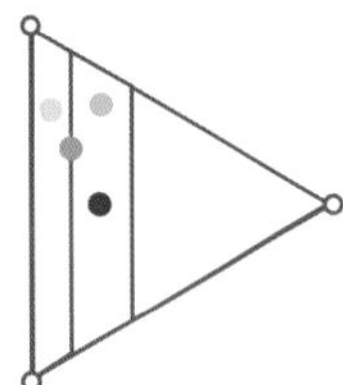

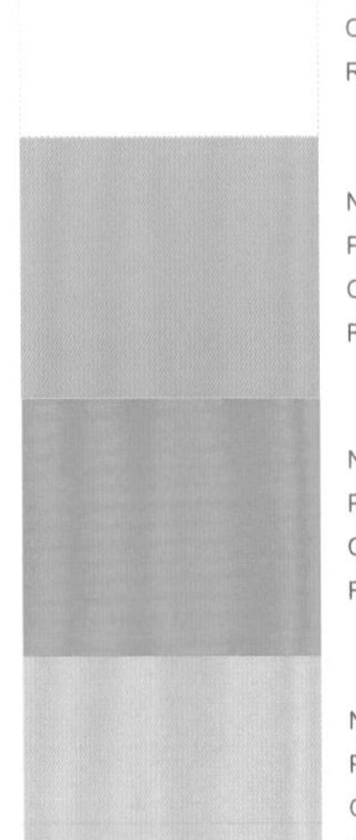

NCS S 0500-N
PANTONE11-4800 TPX
C:0 M:0 Y:1 K:1
R:254 G:253 B:253

NCS S1040-B30G
PANTONE14-4816 TPX
C:50 M:7 Y:28 K:0
R:140 G:202 B:196

NCS S 1050-R30B
PANTONE16-3118 TPX
C:6 M:53 Y:11 K:0
R:240 G:153 B:182

NCS S 2010-Y40R
PANTONE14-4002 TPX
C:17 M:24 Y:37 K:0
R:222 G:200 B:166

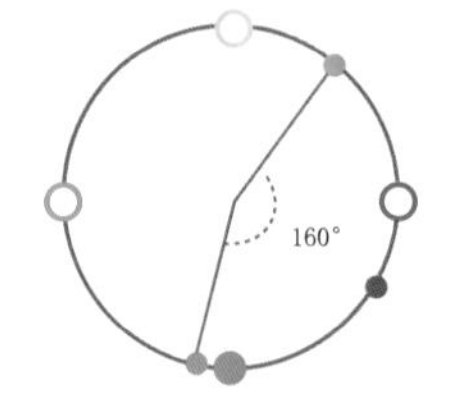

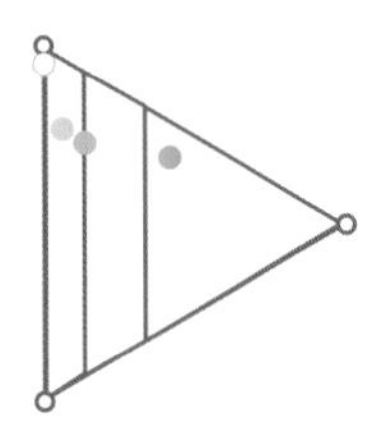

NCS S 4550-Y80R
PANTONE18-1142 TPX
C:60 M:82 Y:100 K:47
R:83 G:43 B:20

NCS S 0500-N
PANTONE11-4800 TPX
C:0 M:0 Y:1 K:1
R:254 G:253 B:253

NCS S 1005-R90B
PANTONE14-4102 TPX
C:27 M:20 Y:14 K:0
R:196 G:198 B:207

NCS S 3040-Y30R
PANTONE16-1143 TPX
C:38 M:61 Y:88 K:1
R:177 G:116 B:53

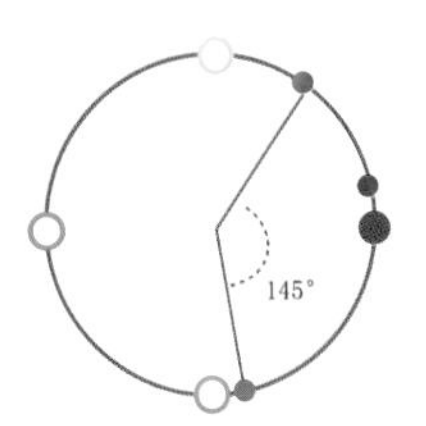

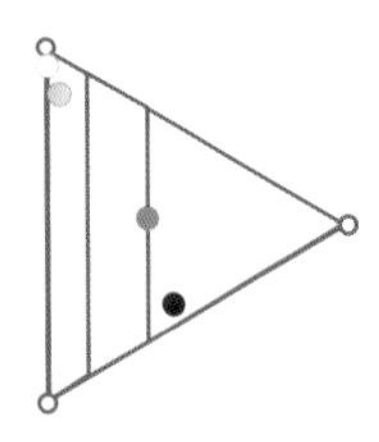

NCS S 0500-N	NCS S 2040-Y10R	NCS S 3010-R40B	NCS S 3060-Y40R
PANTONE11-4800 TPX	PANTONE14-0837 TPX	PANTONE14-3805 TPX	PANTONE16-1443 TPX
C:0 M:0 Y:1 K:1	C:31 M:41 Y:81 K:0	C:36 M:38 Y:30 K:0	C:45 M:68 Y:90 K:6
R:254 G:253 B:253	R:194 G:157 B:68	R:177 G:161 B:163	R:156 G:98 B:51

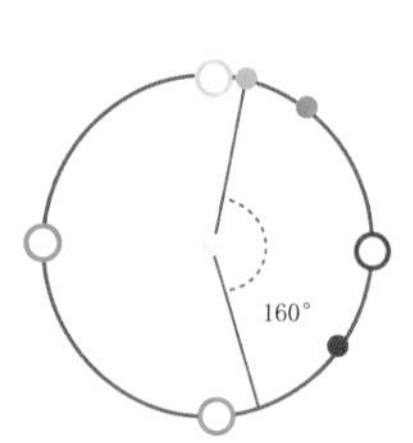

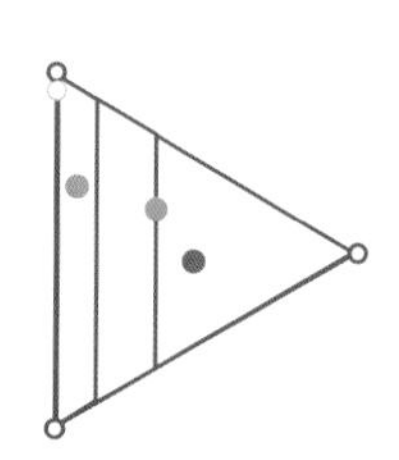

NCS S 2020-R20B
PANTONE15-1906 TPX
C:32 M:41 Y:37 K:0
R:187 G:158 B:149

NCS S 3040-Y30R
PANTONE16-1143 TPX
C:38 M:61 Y:88 K:1
R:177 G:116 B:53

NCS S 0907-Y50R
PANTONE12-1108 TPX
C:0 M:8 Y:18 K:3
R:250 G:235 B:212

NCS S 0560-Y
PANTONE13-0755 TPX
C:14 M:26 Y:89 K:0
R:234 G:195 B:28

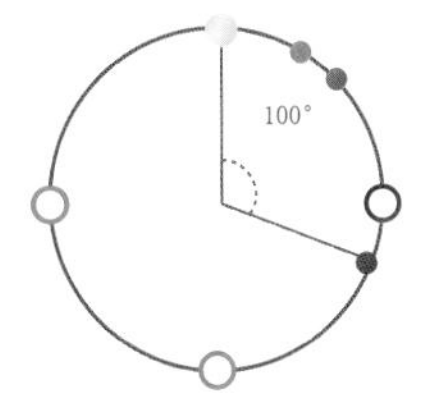

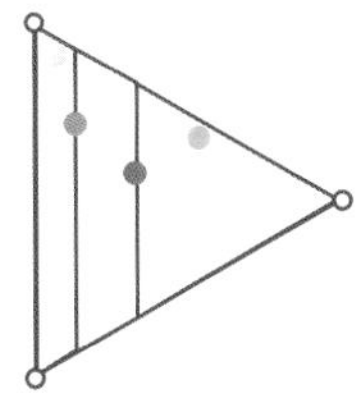

NCS S 1010-B80G	NCS S 3010-R20B	NCS S 1515-B20G	NCS S 2030-Y10R
PANTONE13-4804 TPX	PANTONE15-1314 TPX	PANTONE14-4112 TPX	PANTONE14-0837 TPX
C:10 M:1 Y:0 K:10	C:26 M:31 Y:45 K:0	C:32 M:17 Y:18 K:0	C:23 M:28 Y:65 K:0
R:219 G:230 B:236	R:201 G:180 B:144	R:186 G:200 B:204	R:212 G:186 B:105

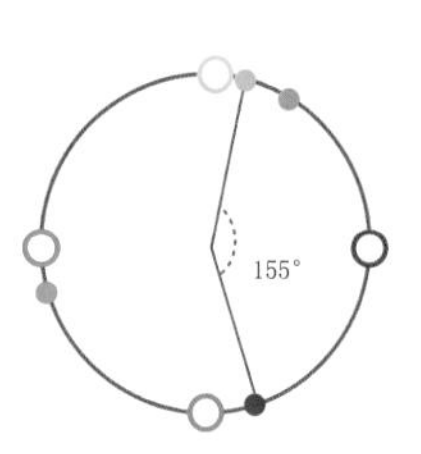

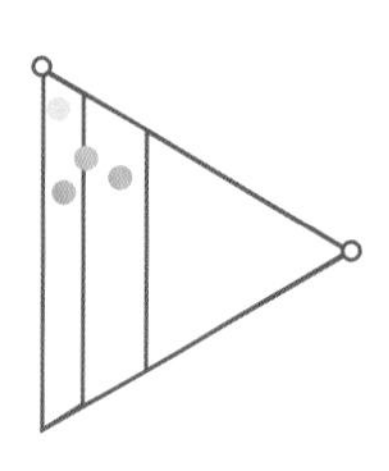

NCS S 1010-R80B
PANTONE13-4103 TPX
C:10 M:1 Y:0 K:10
R:219 G:230 B:236

NCS S 1010-Y50R
PANTONE12-1206 TPX
C:0 M:8 Y:15 K:10
R:238 G:226 B:208

NCS S 1020-R90B
PANTONE15-4105 TPX
C:25 M:8 Y:0 K:0
R:190 G:220 B:242

NCS S 1005-R90B
PANTONE14-4102 TPX
C:27 M:20 Y:14 K:0
R:196 G:198 B:207

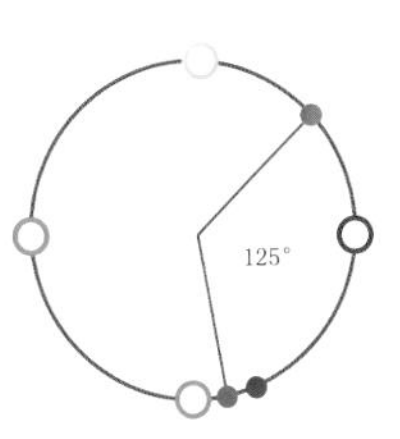

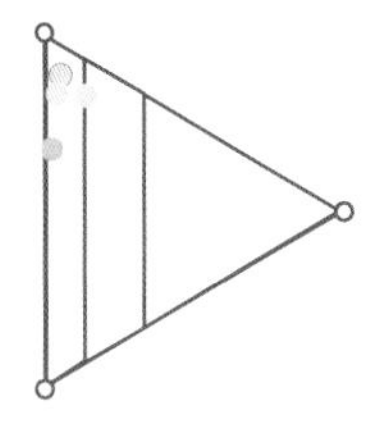

NCS S 2020-R40B
PANTONE15-3206 TPX
C:33 M:38 Y:20 K:0
R:185 G:164 B:180

NCS S 2005-Y50R
PANTONE14-0000 TPX
C:0 M:10 Y:15K:20
R:218 G:205 B:190

NCS S 4020-R10B
PANTONE17-1511 TPX
C:0 M:27 Y:15 K:50
R:155 G:127 B:126

NCS S 4030-R60B
PANTONE18-3718 TPX
C:67 M:62 Y:49 K:3
R:105 G:101 B:112

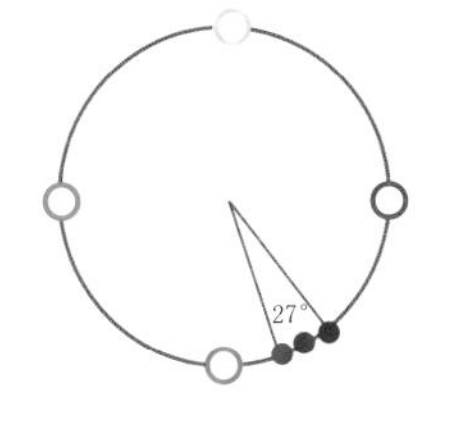

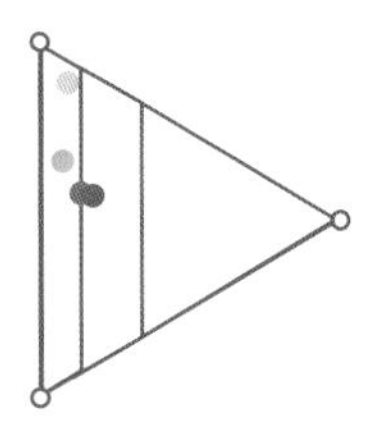

NCS S 1510-Y60R	NCS S 4010-G50Y	NCS S 1030-R90B	NCS S 7010-R50B
PANTONE13-1405 TPX	PANTONE15-4305 TPX	PANTONE14-4318 TPX	PANTONE17-5107 TPX
C:4 M:17 Y:21 K:0	C:35 M:25 Y:42 K:0	C:40 M:9 Y:20 K:0	C:72 M:74 Y:74 K:40
R:247 G:223 B:201	R:182 G:183 B:154	R:166 G:207 B:209	R:68 G:55 B:51

项目名称：上海家天下
设计公司：舍·无间室内设计工作室　设计师：杜冰

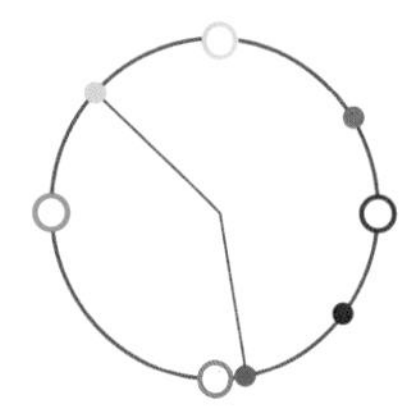

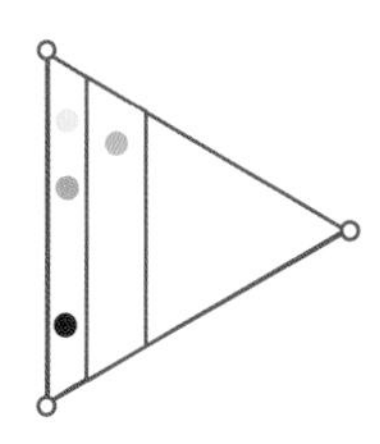

NCS S 4040-R80B	NCS S 3030-B10G	NCS S 2060-Y	NCS S 0500-N
PANTONE18-3932 TPX	PANTONE15-5210 TPX	PANTONE15-0751 TPX	PANTONE11-4800 TPX
C:86 M:81 Y:58 K:30	C:74 M:45 Y:45 K:0	C:30 M:42 Y:92 K:0	C:0 M:0 Y:1 K:1
R:49 G:53 B:74	R:79 G:126 B:136	R:198 G:156 B:38	R:254 G:253 B:253

设计公司：Mendelson Group 摄影师：Eric Piasecki

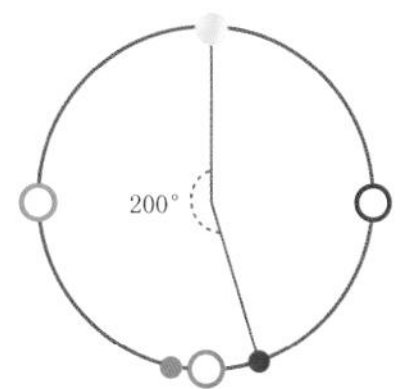

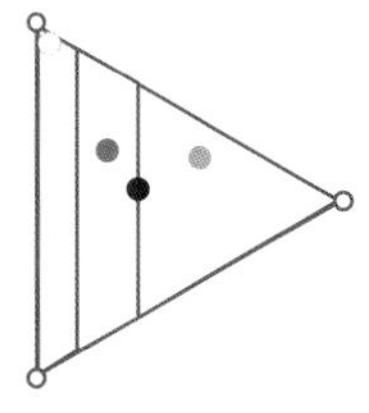

NCS S 7020-R80B	NCS S 2010-R90B	NCS S 1040-G90Y	NCS S 0500-N
PANTONE19-3964 TPX	PANTONE14-4206 TPX	PANTONE15-0646 TPX	PANTONE11-4800 TPX
C:92 M:91 Y:64 K:51	C:34 M:18 Y:20 K:0	C:28 M:23 Y:70 K:0	C:0 M:0 Y:1 K:1
R:27 G:28 B:49	R:182 G:196 B:199	R:203 G:192 B:97	R:254 G:253 B:253

设计公司：Mendelson Group　摄影师：Stu Morley

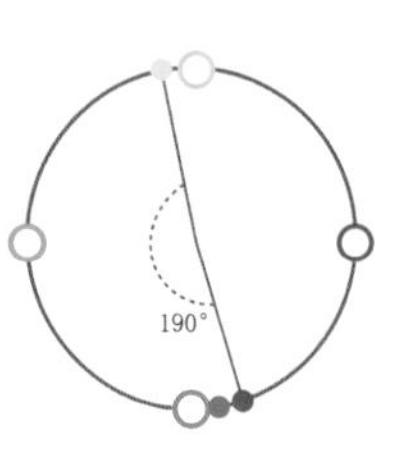

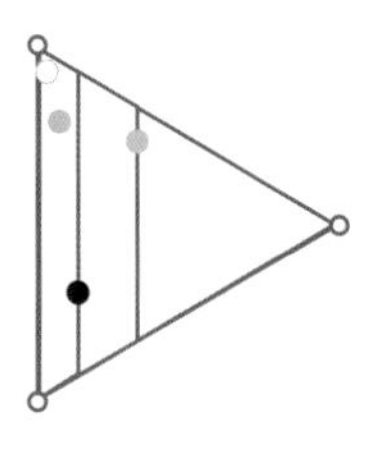

NCS S 4030-Y70R	NCS S 2020-R10B	NCS S 1502-B	NCS S 0500-N
PANTONE18-1235 TPX	PANTONE14-1307 TPX	PANTONE14-4502 TPX	PANTONE11-4800 TPX
C:59 M:71 Y:77 K:24	C:40 M:46 Y:45 K:0	C:31 M:18 Y:27 K:0	C:0 M:0 Y:1 K:1
R:110 G:76 B:59	R:171 G:144 B:131	R:188 G:197 B:187	R:254 G:253 B:253

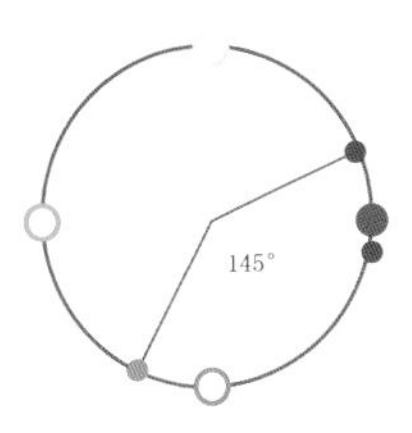

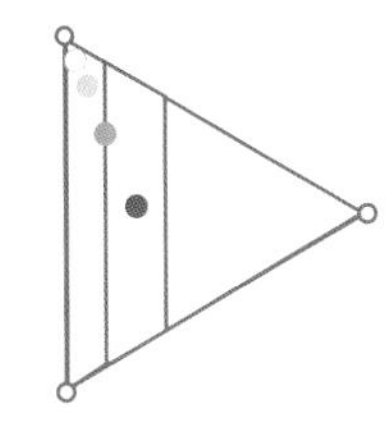

NCS S 2002-Y	NCS S 2050-B	NCS S 3030-R70B	NCS S 1080-Y
PANTONE14-4500 TPX	PANTONE18-4334 TPX	PANTONE18-3910 TPX	PANTONE14-0852 TPX
C:0 M:0 Y:10 K:33	C:74 M:27 Y:28 K:0	C:51 M:46 Y:39 K:0	C:0 M:20 Y:100 K:5
R:195 G:194 B:183	R:57 G:155 B:179	R:142 G:136 B:141	R:245 G:202 B:0

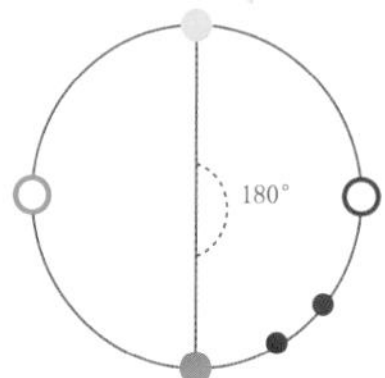

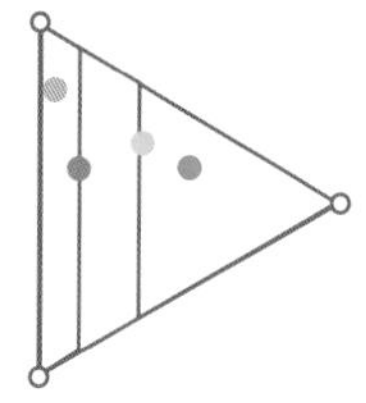

项目名称：杭州凯德龙湾 设计公司：尚舍一屋 设计师：苏醒

色彩组合的情绪表达

色彩是衡量人的喜好和情感的标尺。然而，人们对色彩的喜好往往与某种社会因素或个性因素有关，一个喜欢红色的男士，未必会选择红色的汽车，同样也不一定会选择以红色为主题的房间。

你一定听过“红色表达热情，蓝色表达冷静”等将颜色和心理感受作联系的说法，然而，在实际的设计中，某一种颜色永远不可能孤立存在，我们所处的环境一定是某些颜色的组合。

2.1 色彩语言形象坐标图解

在实际的设计工作中，你往往需要根据客户的需求，用色彩来营造空间的氛围，而客户一般会通过语言向你来描述某种抽象的感受。最为常见的空间氛围描述语言有：古典的、奢华的、浪漫的、自然的、雅致的、闲适的、豪华的、可爱的、清爽的、现代的、活力动感的、考究的、正式的……

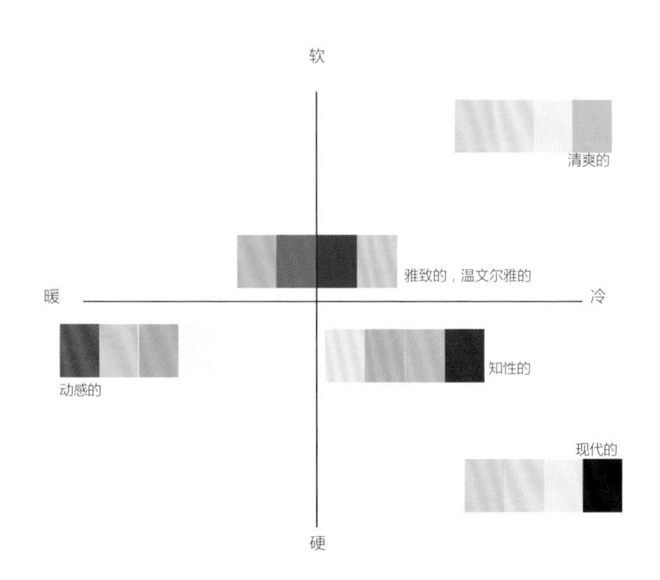

如何将这些描述人类情感感受的形容词与具体的颜色联系起来呢？你可能会看到一些关于这类色彩表达的“公式”或“固定配色”，这当然是比较“保险”的一种做法，但若你每次都按照这样的“公式”或“固定配色”做方案，那么做出来的设计必然千篇一律，套路用多了，自然难以打动人心。

本节向读者介绍的“色彩语言形象坐标”源于日本。在一个十字坐标中，纵向的轴线表示在色彩感受上由硬到软的程度，横向的轴线则表示由暖到冷的程度。如果一个颜色组合给人的整体感受是即冷又软，那么它应该处于十字坐标的右上方。

色彩组合的具体位置就以这种方式决定，而这一具体位置，又恰好能够体现某一特定的形容词（详见右页）。通过上一章，我们已经知道，明度对比越强的色彩组合看起来越硬朗，明度对比越弱的浅色组合看起来越柔软。

色彩语言形象坐标

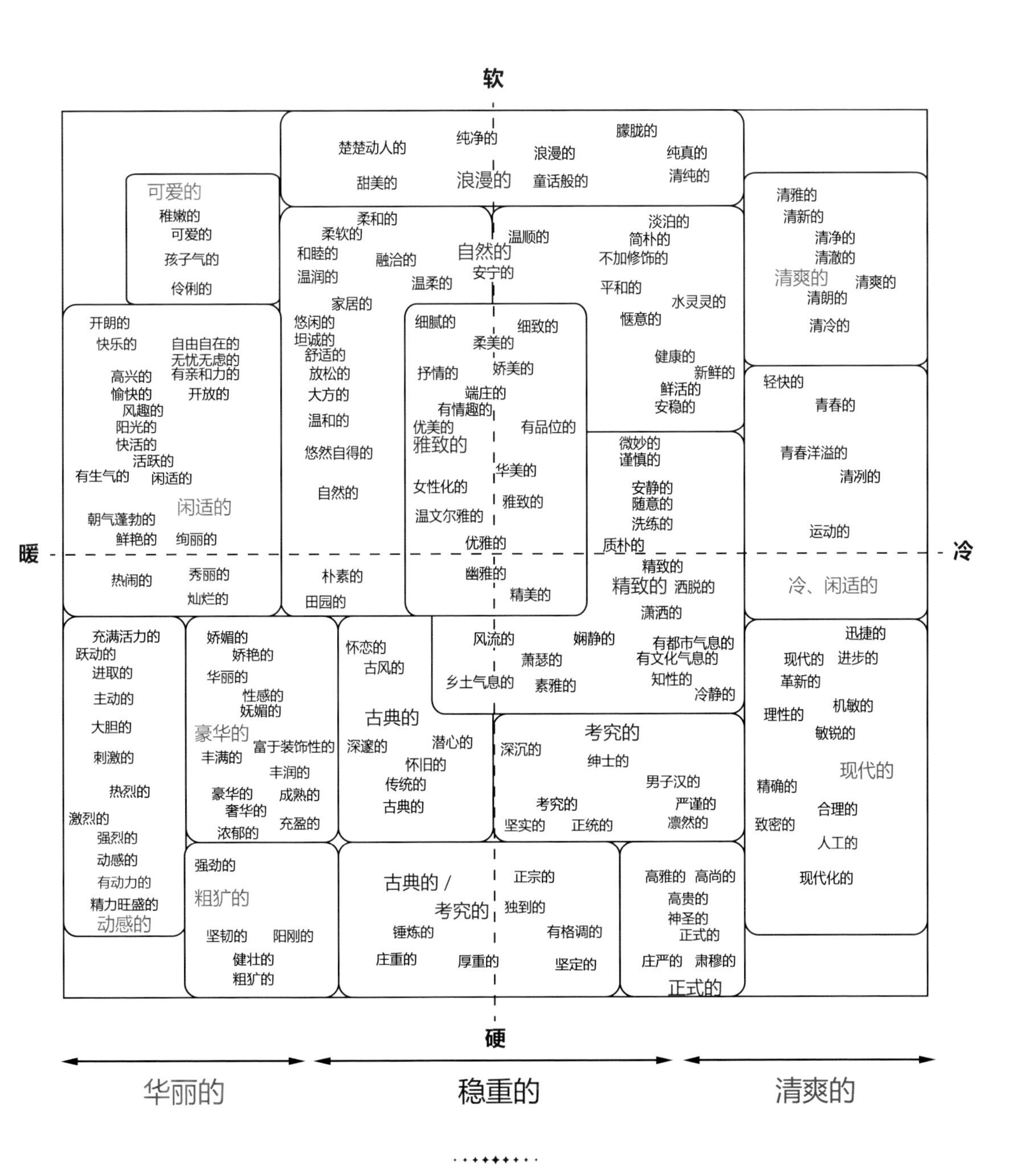
软
硬
暖
冷
楚楚动人的
纯净的
浪漫的
朦胧的
纯真的
甜美的
浪漫的
童话般的
清纯的
可爱的
稚嫩的
可爱的
孩子气的
伶俐的
柔和的
柔软的
和睦的
融洽的
温润的
温柔的
家居的
悠闲的
坦诚的
舒适的
放松的
大方的
温和的
悠然自得的
自然的
自然的
安宁的
温顺的
淡泊的
简朴的
不加修饰的
平和的
水灵灵的
惬意的
健康的
新鲜的
鲜活的
安稳的
清雅的
清新的
清净的
清澈的
清爽的
清爽的
清朗的
清冷的
开朗的
快乐的
自由自在的
无忧无虑的
有亲和力的
高兴的
愉快的
开放的
风趣的
阳光的
快活的
活跃的
有生气的
闲适的
朝气蓬勃的
闲适的
鲜艳的
绚丽的
热闹的
秀丽的
灿烂的
细腻的
细致的
柔美的
抒情的
娇美的
端庄的
有情趣的
优美的
雅致的
有品位的
华美的
女性化的
雅致的
温文尔雅的
优雅的
幽雅的
精美的
朴素的
田园的
微妙的
谨慎的
安静的
随意的
洗练的
质朴的
精致的
精致的
洒脱的
潇洒的
轻快的
青春的
青春洋溢的
清冽的
运动的
冷、闲适的
充满活力的
跃动的
进取的
主动的
大胆的
刺激的
热烈的
激烈的
强烈的
动感的
有动力的
精力旺盛的
动感的
娇媚的
娇艳的
华丽的
性感的
妩媚的
豪华的
富于装饰性的
丰满的
丰润的
豪华的
成熟的
奢华的
充盈的
浓郁的
怀恋的
古风的
古典的
深邃的
潜心的
怀旧的
传统的
古典的
风流的
娴静的
有都市气息的
萧瑟的
有文化气息的
乡土气息的
素雅的
知性的
冷静的
深沉的
考究的
绅士的
男子汉的
考究的
严谨的
坚实的
正统的
凛然的
迅捷的
现代的
进步的
革新的
理性的
机敏的
敏锐的
现代的
精确的
合理的
致密的
人工的
现代化的
强劲的
粗犷的
坚韧的
阳刚的
健壮的
粗犷的
古典的 /
考究的
正宗的
独到的
锤炼的
有格调的
庄重的
厚重的
坚定的
高雅的
高尚的
高贵的
神圣的
正式的
庄严的
肃穆的
正式的
华丽的
稳重的
清爽的

2.2 古典、奢华的色彩表达

色彩组合处于十字坐标中阴影部分所示的象限时，古典、考究的感受便自然显现。这样的色彩组合关键在于深色、低彩度、高明度形成的对比带来的“硬朗”感。这样的颜色组合越偏冷越现代，越偏暖则越古典。在实际的方案设计中，想要将这一区域的情绪表达呈现得更有说服力，材质的选择非常重要。

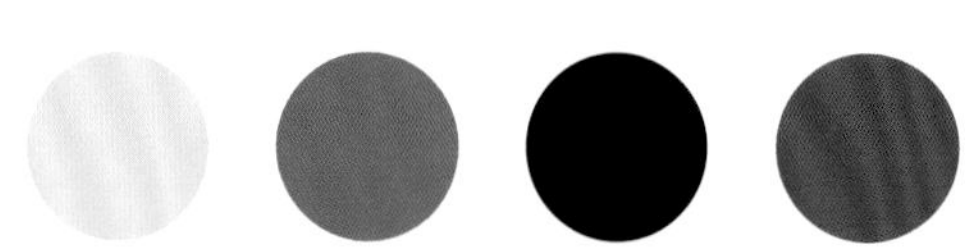

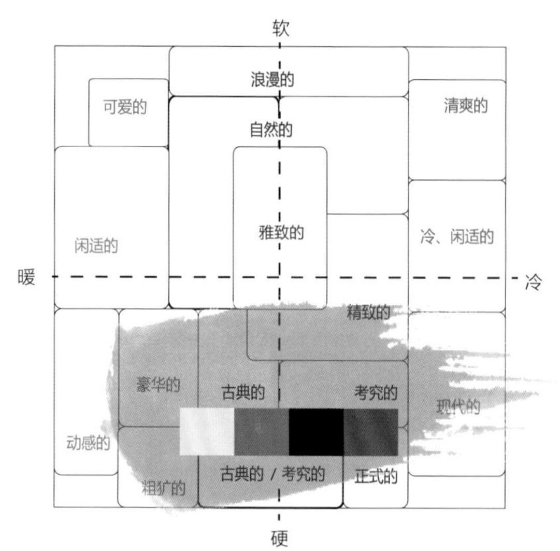

古典、奢华。同样的色彩组合，以不同的材质表达，感受上也会产生微妙的变化。以闪耀着金属光泽的材质和精致繁复的图案来表达，色彩组合传达的感受更趋向于古典和奢华

考究、现代。以简洁、精致的皮革和几何图案来表达，则更容易打造考究的现代感

NCS S 0907-Y50R
PANTONE12-1108 TPX
C:0 M:8 Y:18 K:3
R:250 G:235 B:212

NCS S 5005-R80B
PANTONE17-0000 TPX
C:62 M:51 Y:52 K:1
R:117 G:121 B:116

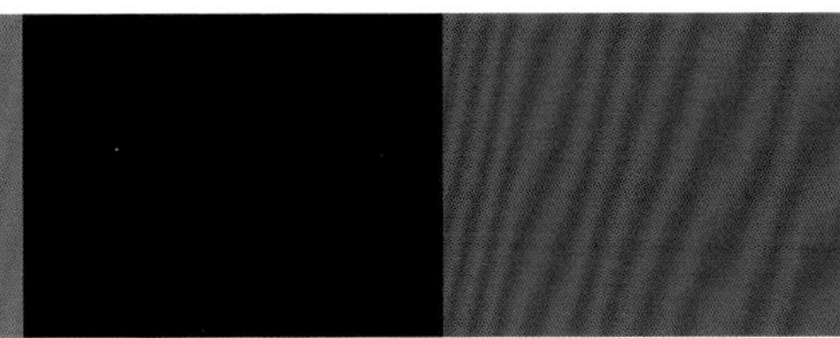

NCS S 8505-R20B
PANTONE19-1102 TPX
C:87 M:85 Y:82 K:73
R:16 G:12 B:14

NCS S 5030-Y70R
PANTONE17-1147 TPX
C:51 M:72 Y:84 K:15
R:135 G:82 B:54

同样的色彩组合，色彩的面积比例不同，在色彩形象坐标上的位置也会发生变化，因此色彩组合的情绪也会发生微妙的变化。

组合 1

组合 2

组合 3

组合 4

组合 1 和组合 2 分别以棕色和米色为主色，这两个颜色均为暖色，因此色彩组合更偏暖。组合 3 和组合 4 分别以黑色和中灰色为主色，色彩组合整体偏冷，若以这样的面积比例做室内色彩搭配，整体的色彩氛围看起来必然更硬朗、正式。

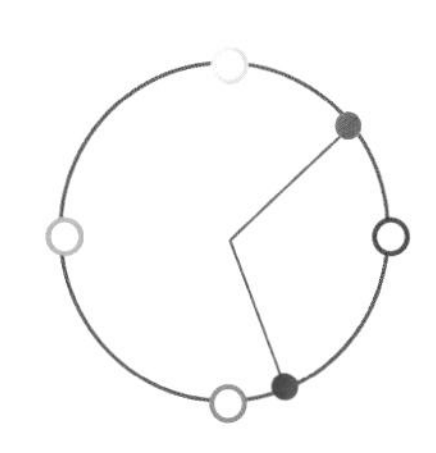

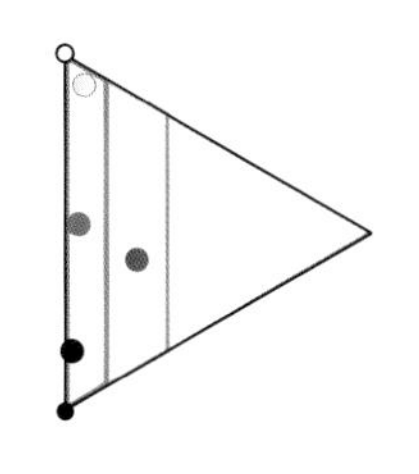

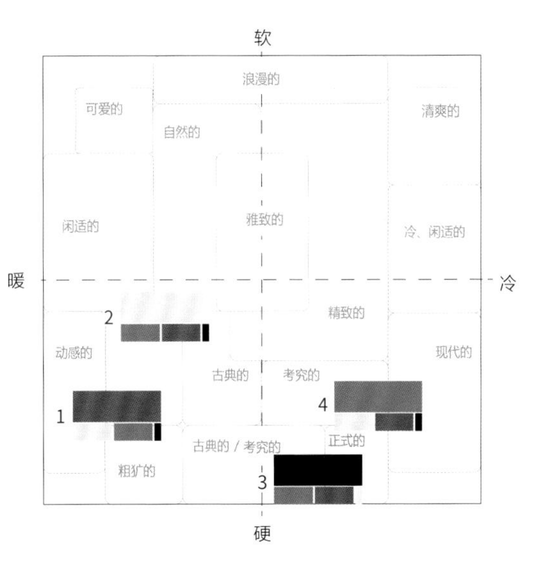

2.3 清新、浪漫的色彩表达

色彩组合处于十字坐标中阴影部分所示的象限时，便是浪漫、清新的色彩组合。这样的色彩组合关键在于弱明度对比、浅色、粉彩色。当这样的颜色组合偏冷时，看起来更为清爽，当颜色组合偏暖时，看起来更为可爱。

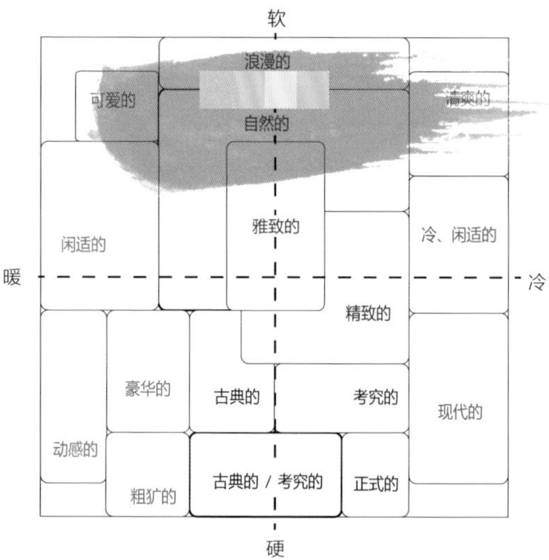

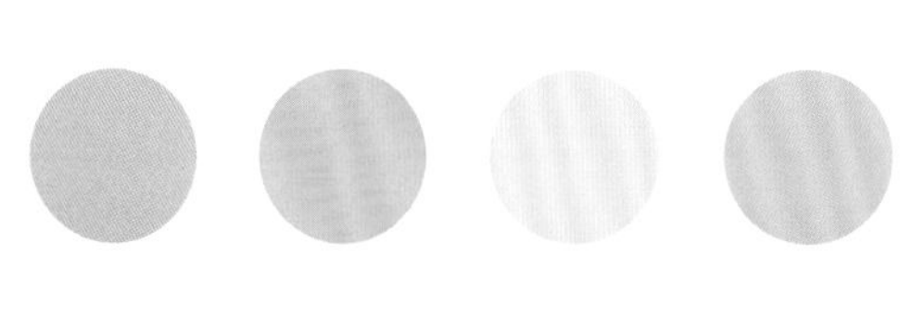

NCS S 1502-B
PANTONE14-4102 TPX
C:4 M:0 Y:0 K:18
R:217 G:221 B:224

NCS S 1020-R20B
PANTONE14-4313 TPX
C:5 M:24 Y:15 K:0
R:244 G:209 B:206

NCS S 1030-Y10R
PANTONE14-1036 TPX
C:8 M:10 Y:50 K:0
R:247 G:231 B:148

NCS S 0530-R80B
PANTONE14-4110 TPX
C:27 M:14 Y:7 K:0
R:198 G:211 B:217

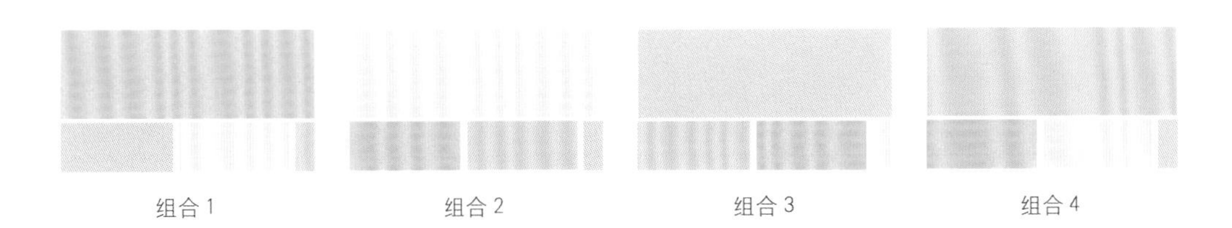

组合 1 和组合 2 分别以粉红和浅黄色为主色，这两个颜色均为暖色，色彩组合更偏暖。组合 2 的主色为浅黄色，比粉红色更暖，因此也更显可爱。组合 3 的主色彩度更低，因此色彩组合对比更弱，整体感觉更柔和，看起来更为清爽、浪漫。

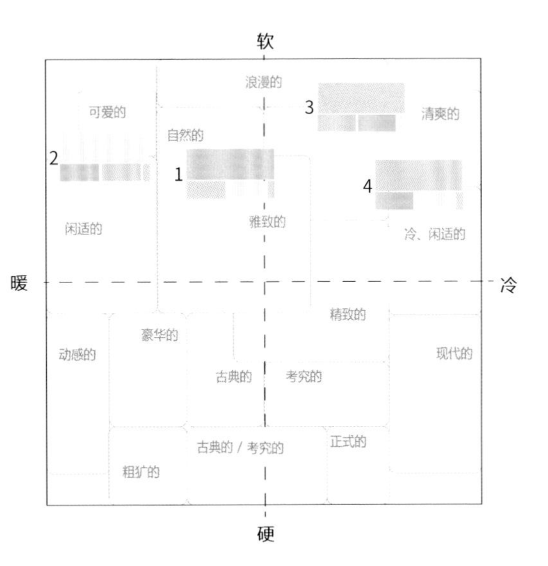

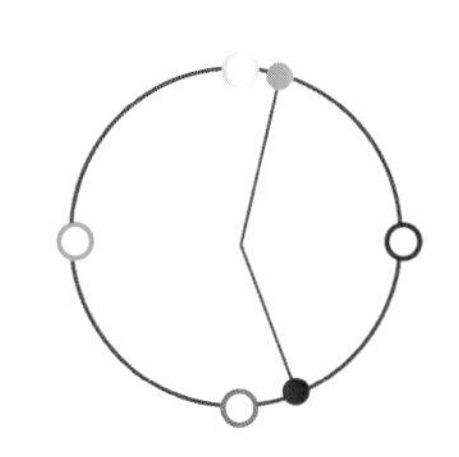

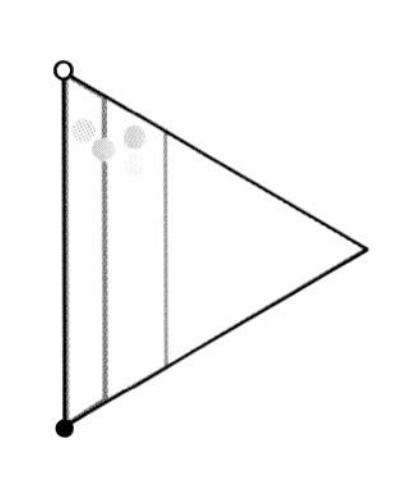

2.4 活力、前卫的色彩表达

色彩组合处于十字坐标中阴影部分所示的象限时，动感、活力是主要的色彩印象。这样的色彩组合关键在于高彩度、整体偏暖色、高明度对比。

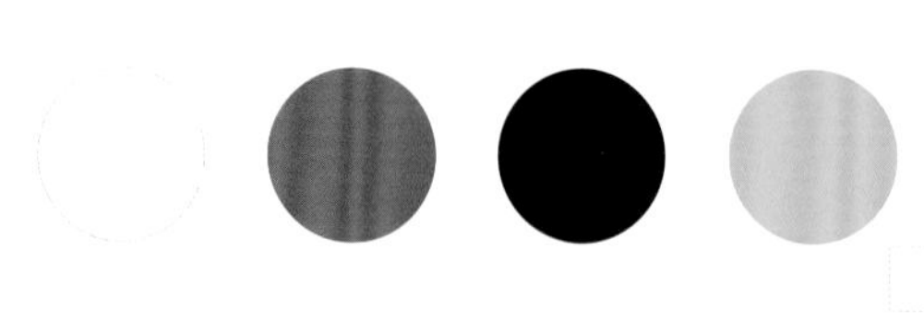

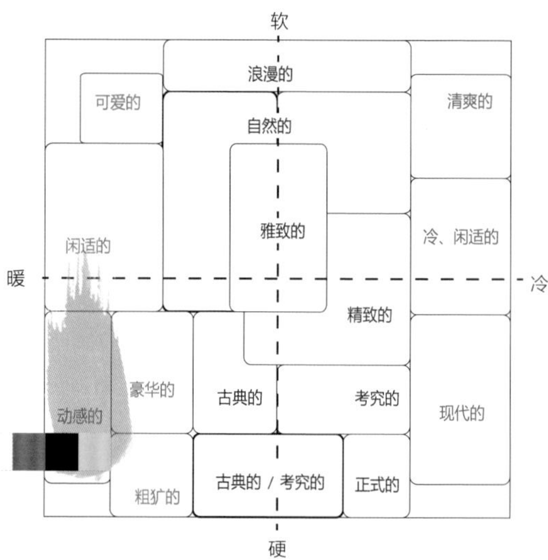

NCS S 0502-Y50R	NCS S 0570-Y80R	NCS S 8500-N	NCS S 0560-Y
PANTONE11-0604 TPX	PANTONE14-4313 TPX	PANTONE14-1036 TPX	PANTONE13-0755 TPX
C:0 M:2 Y:10 K:0	C:27 M:83 Y:91 K:0	C:96 M:90 Y:76 K:68	C:14 M:26 Y:89 K:0
R:255 G:251 B:236	R:200 G:76 B:42	R:4 G:14 B:25	R:234 G:195 B:28

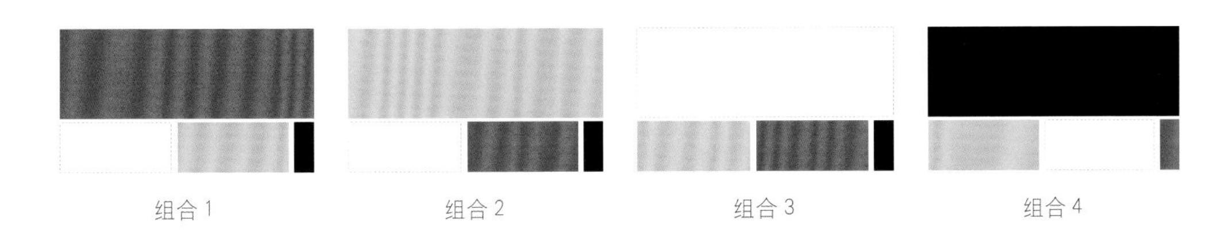

组合 1　组合 2　组合 3　组合 4

组合 1 和组合 2 分别以橙红色和亮黄色为主色，整体视觉感受更显得动感、热烈。而以亮黄色为主色的组合 2，因为色彩对比比组合 1 略弱，因此显得更闲适一些。组合 3 以米色为主色，热烈之感有所下降，但气氛依旧活跃，色彩的组合比较中性。组合 4 以黑色为主色，气氛变得硬朗起来，色彩组合就变得比较男性化。

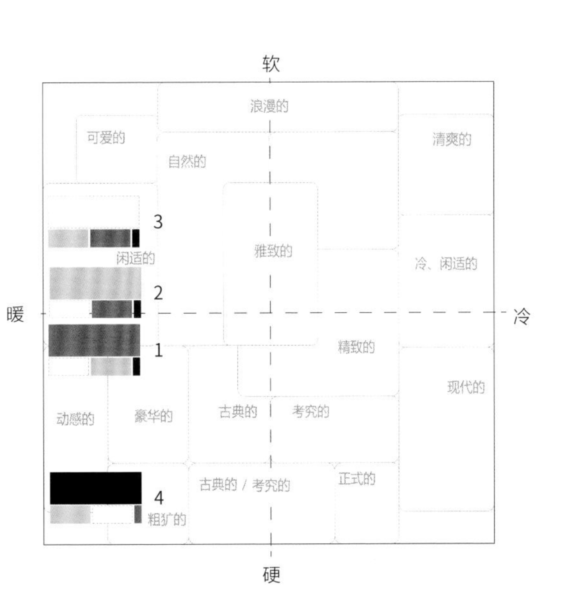

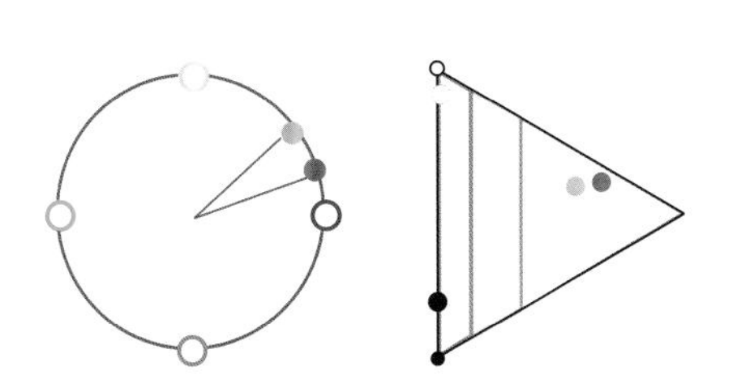

2.5 优雅、精致的色彩表达

色彩组合处于十字坐标中阴影部分所示的象限时，色彩组合的感觉较为雅致。这样的色彩组合关键在于平和、中庸。彩度、明度对比适中，不会有明显的冷暖感，色彩组合的软硬感也较为适中，但大多数情况下稍微偏软一些。

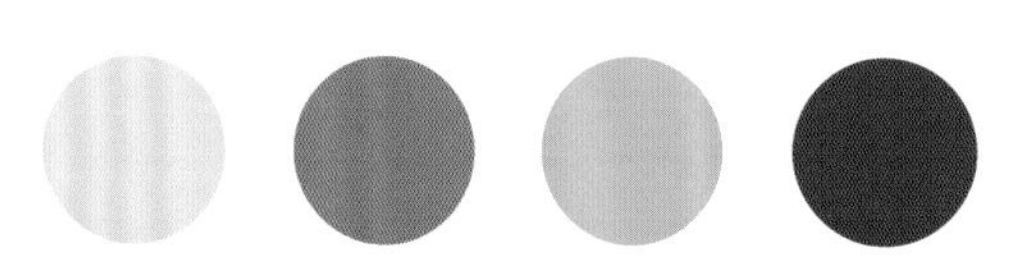

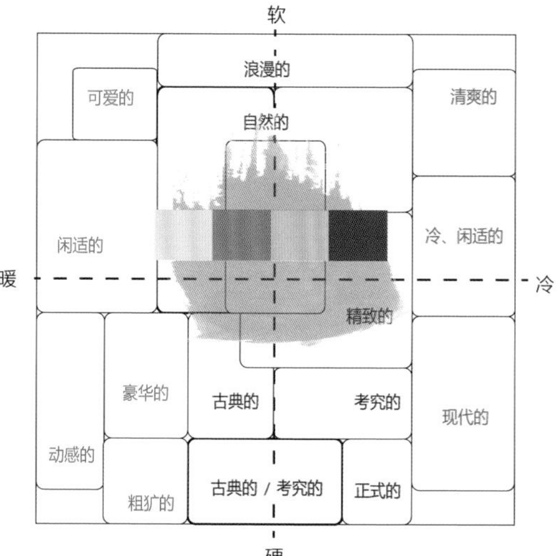

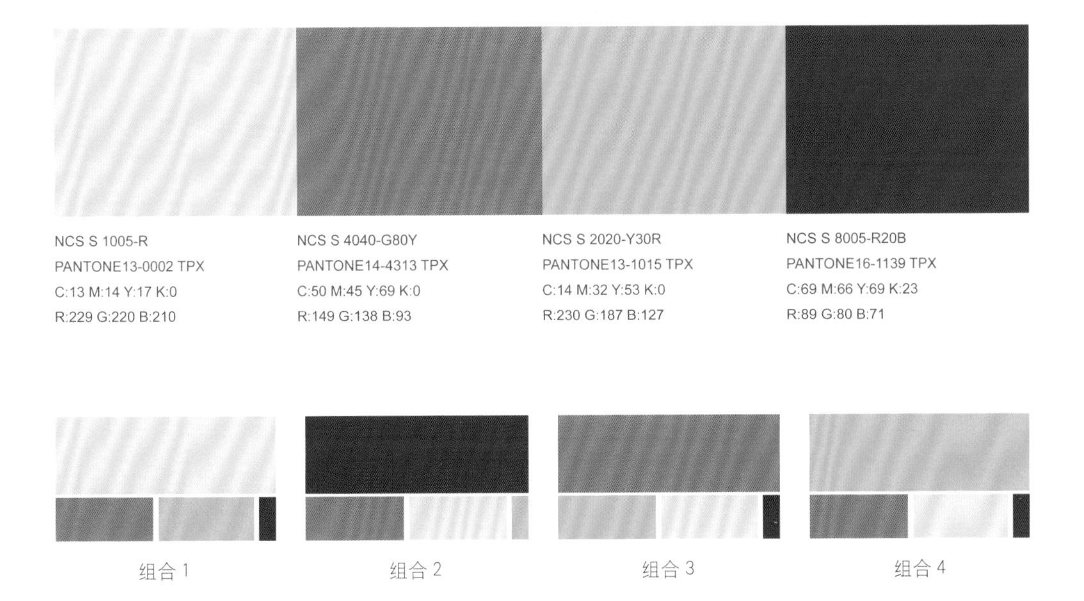

组合 1 和组合 3，因为软、硬、冷、暖的感觉适中，因此雅致、适中之感油然而生。组合 1 以米白色为主色，色彩组合更显女性化和温文尔雅，对比更柔和略偏暖，也显得更自然一些。组合 3 以绿色为主色，色彩组合显得更加质朴、安静。

组合 4 以木色为主色，色彩组合整体偏暖，显得自然、朴素、大方，看起来更休闲。组合 2 以深色为主色，对比更强烈，显得知性、冷静，更男性化一些，兼具古典、考究和精致。

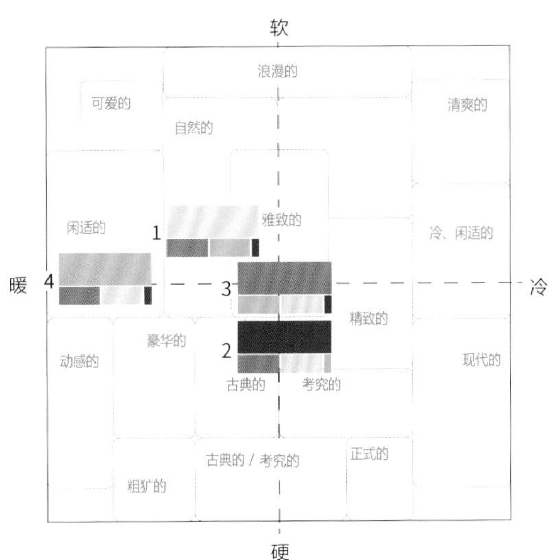

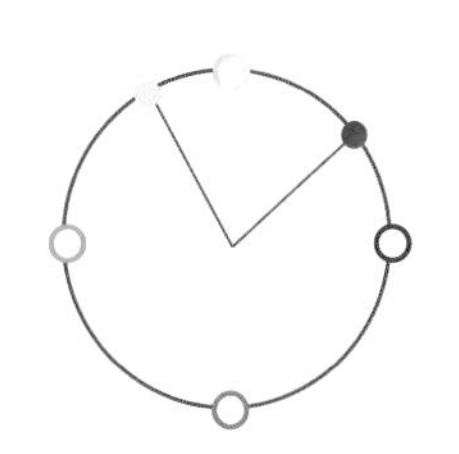

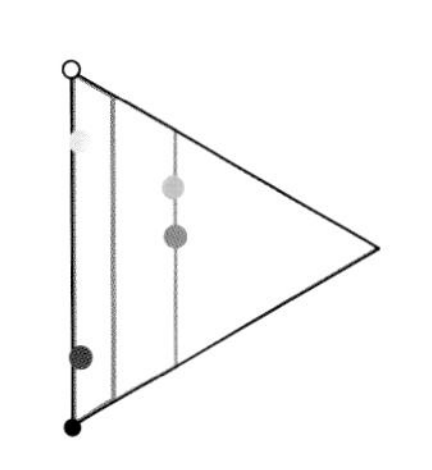

2.6 情绪表达色彩搭配方案集

NCS S 1510-B20G	NCS S 5020-Y30R	NCS S 3060-R10B	NCS S 2030-B70G
PANTONE13-4405 TPX	PANTONE17-1336 TPX	PANTONE18-1655 TPX	PANTONE16-5112 TPX
C:25 M:5 Y:18 K:0	C:54 M:68 Y:98 K:17	C:49 M:100 Y:100 K:26	C:49 M:9 Y:42 K:0
R:204 G:226 B:216	R:128 G:86 B:38	R:130 G:5 B:19	R:145 G:198 B:166

古典、怀旧

NCS S 1515-R60B
PANTONE13-3804 TPX
C:25 M:26 Y:27 K:0
R:202 G:190 B:181

NCS S 2030-Y40R
PANTONE16-1331 TPX
C:24 M:51 Y:63 K:2
R:206 G:144 B:97

NCS S 5020-R80B
PANTONE18-3013 TPX
C:75 M:68 Y:65 K:26
R:73 G:73 B:73

NCS S 6020-R50B
PANTONE19-1627 TPX
C:68 M:83 Y:80 K:55
R:63 G:34 B:32

设计公司：Siemasko + Verbridge

踏实、稳定

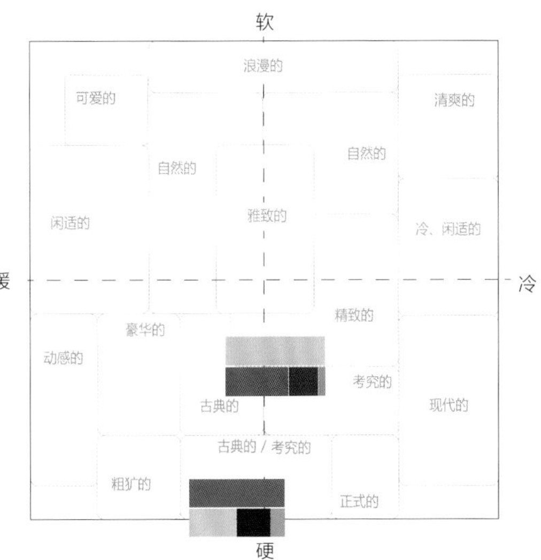

NCS S 2030-Y30R
PANTONE14-0941 TPX
C:18 M:45 Y:77 K:0
R:220 G:158 B:71

NCS S 5030-R
PANTONE18-1547 TPX
C:52 M:87 Y:92 K:28
R:120 G:50 B:37

NCS S 3010-Y30R
PANTONE15-1215 TPX
C:26 M:31 Y:45 K:0
R:201 G:180 B:144

NCS S 6020-R30B
PANTONE18-1426 TPX
C:61 M:78 Y:78 K:37
R:93 G:56 B:48

设计公司：Well Done Interiors

历史、复古

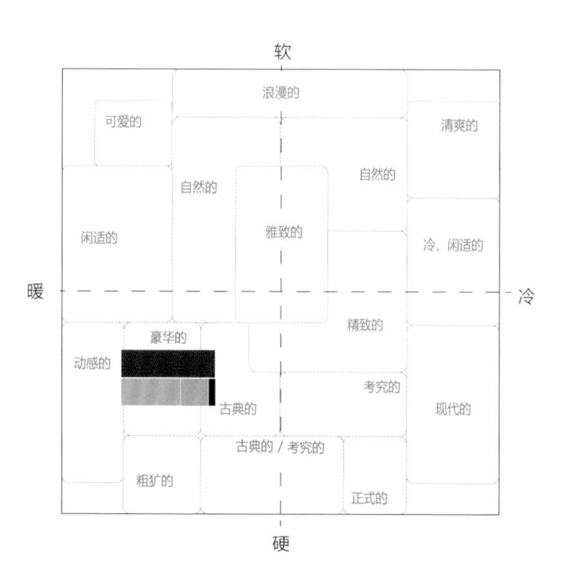

NCS S 5020-R50B
PANTONE18-1709 TPX
C:63 M:71 Y:64 K:18
R:107 G:79 B:78

NCS S 2030-R30B
PANTONE15-1621 TPX
C:20 M:53 Y:48 K:0
R:214 G:142 B:122

NCS S 8010-R30B
PANTONE19-1213 TPX
C:74 M:82 Y:91 K:66
R:43 G:25 B:15

NCS S 4020-Y70R
PANTONE17-1336 TPX
C:49 M:70 Y:91 K:12
R:143 G:89 B:48

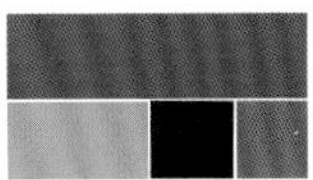

沉思、迷人

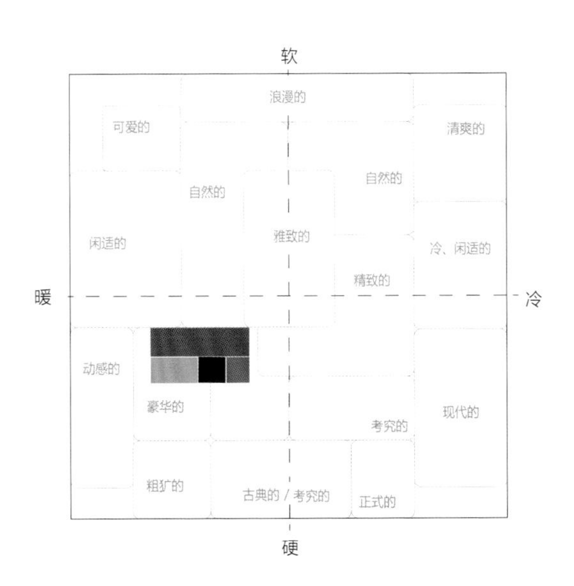

NCS S 0907-Y50R
PANTONE12-1108 TPX
C:0 M:8 Y:18 K:3
R:250 G:235 B:212

NCS S 5005-R80B
PANTONE17-0000 TPX
C:62 M:51 Y:52 K:1
R:117 G:121 B:116

NCS S 8505-R20B
PANTONE19-1102 TPX
C:87 M:85 Y:82 K:73
R:16 G:12 B:14

NCS S 5030-Y70R
PANTONE17-1147 TPX
C:51 M:72 Y:84 K:15
R:135 G:82 B:54

永恒、典雅

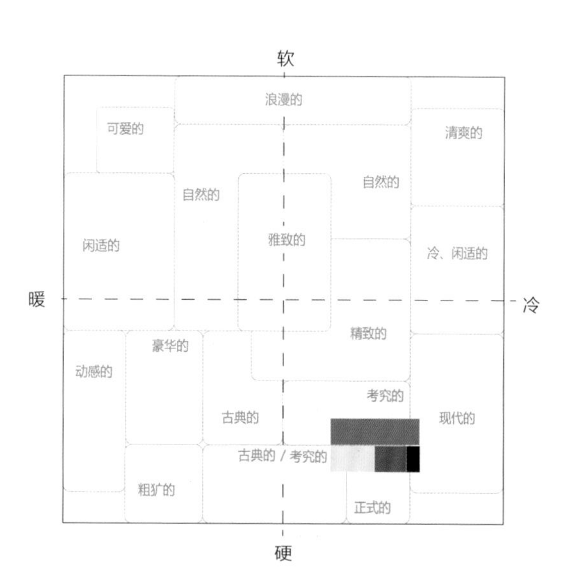

项目名称：上海家天下　设计公司：舍·无间室内设计工作室　设计师：杜冰

NCS S 1010-R40B
PANTONE13-3802 TPX
C:19 M:24 Y:25 K:0
R:214G:198 B:187

NCS S 4020-Y30R
PANTONE16-0946 TPX
C:43 M:52 Y:86 K:0
R:167 G:131 B:61

NCS S 4010-G50Y
PANTONE16-0213 TPX
C:13 M:0 Y:35 K:50
R:142 G:149 B:116

NCS S 5030-R10B
PANTONE19-1540 TPX
C:58 M:83 Y:88 K:41
R:94 G:46 B:34

经典、宁静

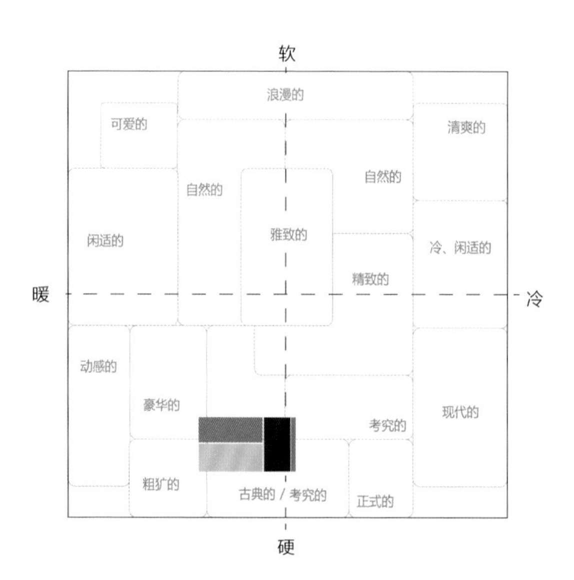

NCS S 5020-R70B
PANTONE17-4015 TPX
C:70 M:58 Y:52 K:3
R:98 G:105 B:111

NCS S 2502-Y
PANTONE14-4500 TPX
C:0 M:0 Y:10 K:33
R:197 G:190 B:171

NCS S 6020-Y50R
PANTONE17-1128 TPX
C:55 M:74 Y:100 K:28
R:114 G:68 B:28

NCS S 5040-R80B
PANTONE19-4057 TPX
C:90 M:80 Y:61 K:35
R:34 G:51 B:68

绅士、自律

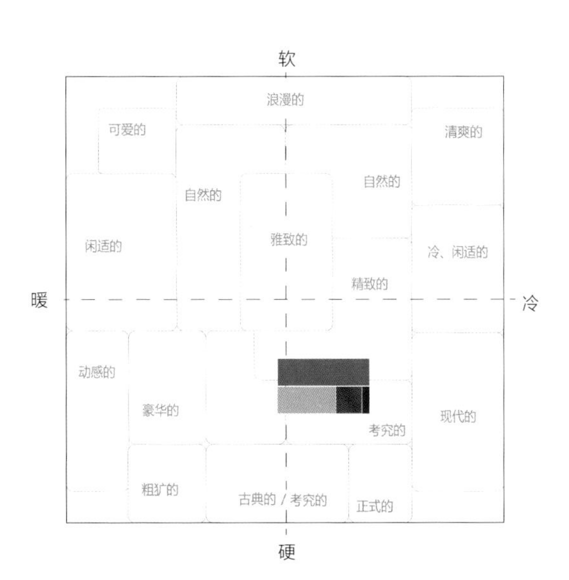

NCS S 3000-N
PANTONE14-4203 TPX
C:0 M:1 Y:3 K:29
R:203 G:202 B:200

NCS S 8010-R70B
PANTONE19-4025 TPX
C:81 M:74 Y:69 K:42
R:48 G:52 B:55

NCS S 4030-B90G
PANTONE18-6018 TPX
C:80 M:49 Y:90 K:11
R:62 G:109 B:64

NCS S 6020-Y70R
PANTONE19-1325 TPX
C:62 M:78 Y:79 K:45
R:82 G:49 B:32

城市丛林

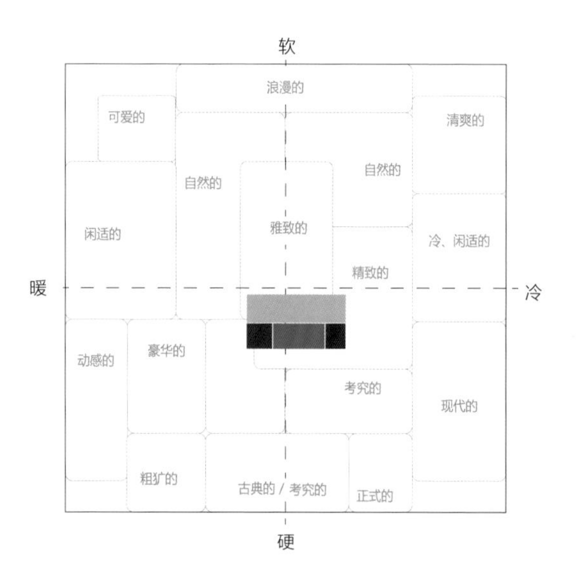

NCS S 5020-R70B
PANTONE19-3928 TPX
C:77 M:66 Y:56 K:13
R:76 G:85 B:94

NCS S 4040-B20G
PANTONE17-4724 TPX
C:81 M:31 Y:59 K:0
R:16 G:141 B:124

NCS S 4040-B90G
PANTONE17-5722 TPX
C:84 M:38 Y:90 K:1
R:62 G:129 B:73

NCS S 5040-Y10R
PANTONE18-0933 TPX
C:51 M:64 Y:100 K:11
R:141 G:98 B:12

摩登、情调

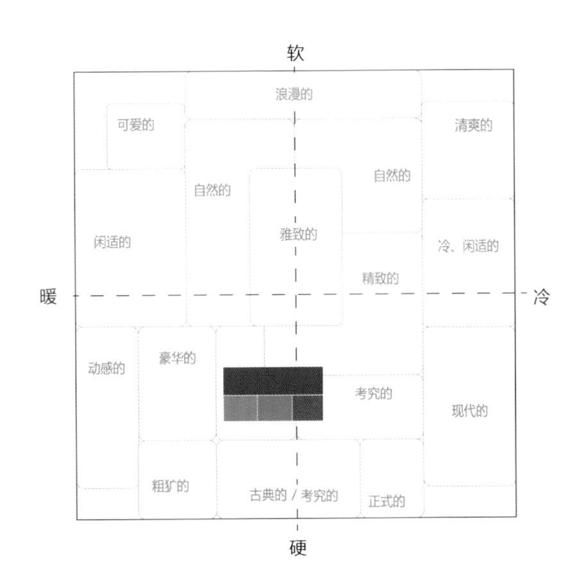

NCS S 2030-R70B
PANTONE17-3923 TPX
C:70 M:57 Y:49 K:2
R:97 G:107 B:117

NCS S 4020-G
PANTONE17-5722 TPX
C:78 M:52 Y:88 K:15
R:65 G:101 B:62

NCS S 8505-R20B
PANTONE19-1102 TPX
C:87 M:85 Y:82 K:73
R:16 G:12 B:14

NCS S 4020-Y60R
PANTONE18-1030 TPX
C:50 M:68 Y:91 K:11
R:142 G:92 B:48

轻奢、明致

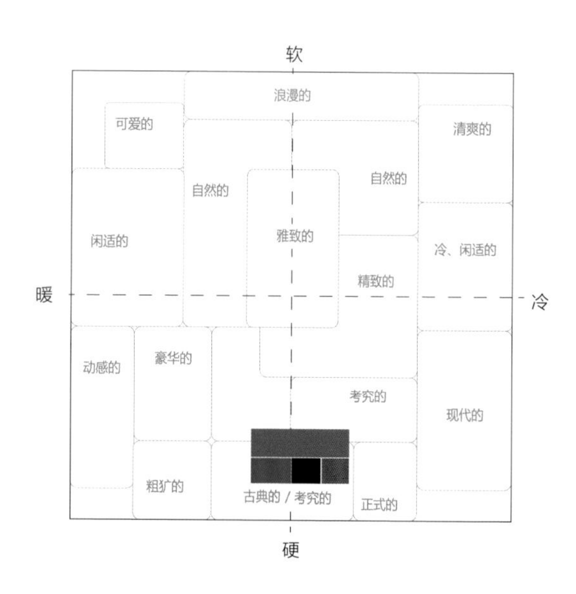

NCS S 0500-N
PANTONE11-4800 TPX
C:0 M:0 Y:1 K:1
R:254 G:253 B:253

NCS S 0907-Y50R
PANTONE12-1108 TPX
C:0 M:8 Y:18 K:3
R:250 G:235 B:212

NCS S 3060-R10B
PANTONE18-1655 TPX
C:49 M:100 Y:100 K:26
R:130 G:5 B:19

NCS S 9000-N
PANTONE19-4007 TPX
C:84 M:83 Y:90 K:74
R:20 G:13 B:5

设计公司：P.S.pierreswatch

都市贵族

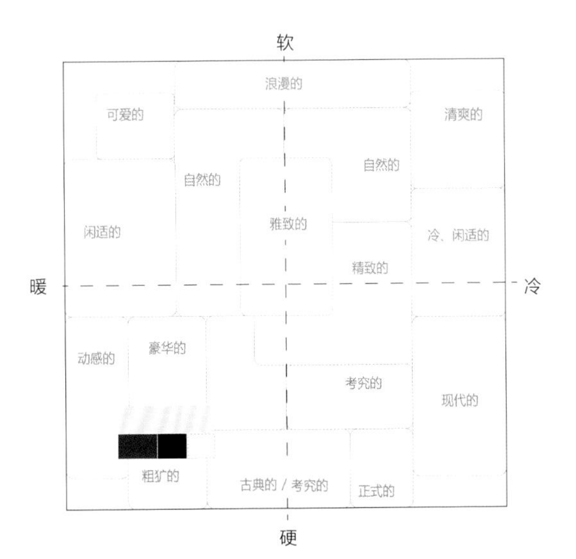

NCS S 0500-N
PANTONE11-4800 TPX
C:0 M:0 Y:1 K:1
R:254 G:253 B:253

NCS S 0907-Y50R
PANTONE12-1108 TPX
C:0 M:8 Y:18 K:3
R:250 G:235 B:212

NCS S 3060-R10B
PANTONE18-1655 TPX
C:49 M:100 Y:100 K:26
R:130 G:5 B:19

NCS S 9000-N
PANTONE19-4007 TPX
C:84 M:83 Y:90 K:74
R:20 G:13 B:5

古典、时尚

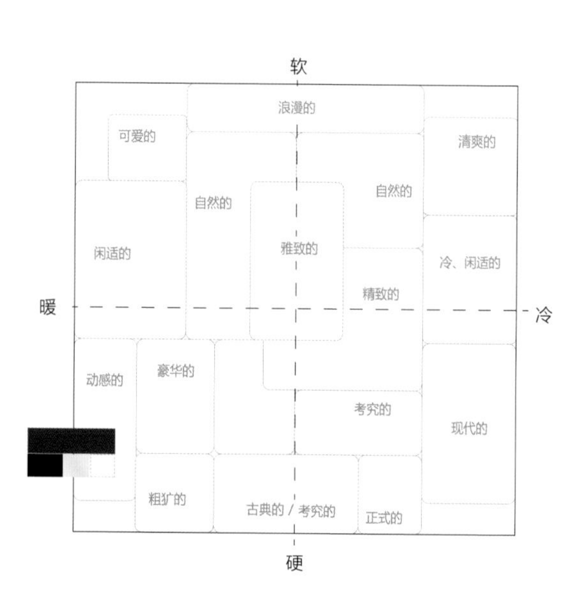

NCS S 0500-N
PANTONE11-4800 TPX
C:0 M:0 Y:1 K:1
R:254 G:253 B:253

NCS S 6030-R80B
PANTONE19-4057 TPX
C:90 M:80 Y:61 K:35
R:34 G:51 B:68

NCS S 6020-Y70R
PANTONE19-1325 TPX
C:62 M:78 Y:88 K:45
R:82 G:49 B:32

NCS S 2030-R60B
PANTONE17-3935 TPX
C:62 M:60 Y:47 K:1
R:119 G:107 B:118

设计公司：Concept Interiors

奢华、精致

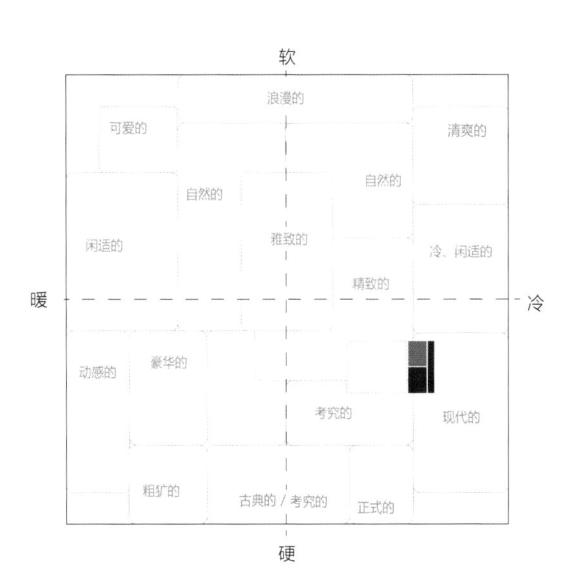

NCS S 7020-R80B
PANTONE18-4027 TPX
C:77 M:64 Y:63 K:19
R:71 G:83 B:83

NCS S 3005-B20G
PANTONE15-4305 TPX
C:44 M:31 Y:30 K:0
R:158 G:167 B:169

NCS S 4010-Y30R
PANTONE16-1212 TPX
C:0 M:23 Y:45 K:45
R:166 G:139 B:98

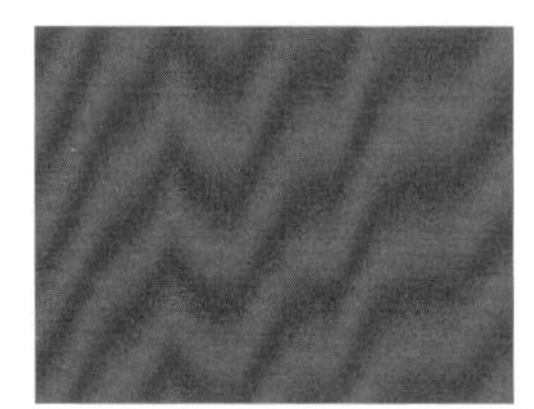

NCS S 2060-Y90R
PANTONE18-1447 TPX
C:20 M:80 Y:80 K:0
R:214 G:82 B:55

前卫、简洁

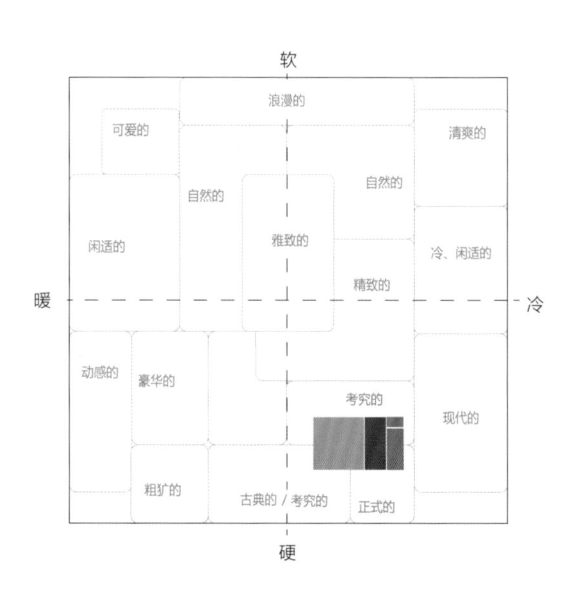

NCS S 0500-N
PANTONE11-4800 TPX
C:0 M:0 Y:1 K:1
R:254 G:253 B:253

NCS S 7010-R50B
PANTONE19-2311 TPX
C:70 M:73 Y:71 K:35
R:78 G:62 B:59

NCS S 5005-Y50R
PANTONE17-1212 TPX
C:57 M:53 Y:59 K:2
R:130 G:119 B:104

NCS S 5040-R20B
PANTONE18-1718 TPX
C:54 M:84 Y:74 K:23
R:122 G:58 B:58

设计公司：Artistic Designs for Living, Tineke Triggs

优雅、华典

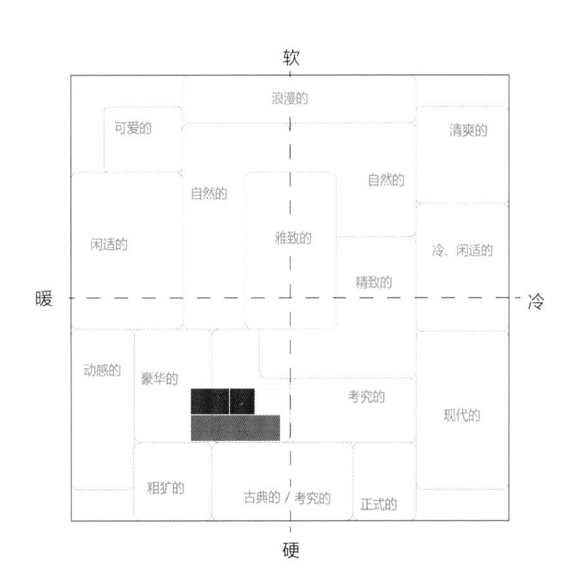

NCS S 4010-Y50R	NCS S 8010-R90B	NCS S 5502-B	NCS S 7010-Y90R
PANTONE16-1707 TPX	PANTONE19-4205 TPX	PANTONE17-5102 TPX	PANTONE18-1415TPX
C:42 M:42 Y:51 K:0	C:85 M:82 Y:75 K:63	C:64 M:52 Y:50 K:0	C:65 M:67 Y:73 K:24
R:165 G:148 B:124	R:28 G:27 B:31	R:112 G:119 B:119	R:96 G:79 B:65

冷峻、精致

NCS S 7020-R80B
PANTONE18-4027 TPX
C:84 M:78 Y:62 K:36
R:47 G:53 B:66

NCS S 3020-Y50R
PANTONE15-1317 TPX
C:47 M:56 Y:59 K:0
R:156 G:121 B:102

NCS S 4020-R70B
PANTONE17-0510 TPX
C:70 M:62 Y:58 K:10
R:95 G:95 B:96

NCS S 0540-R
PANTONE15-1621 TPX
C:9 M:41 Y:27 K:0
R:235 G:173 B:169

精致、利落

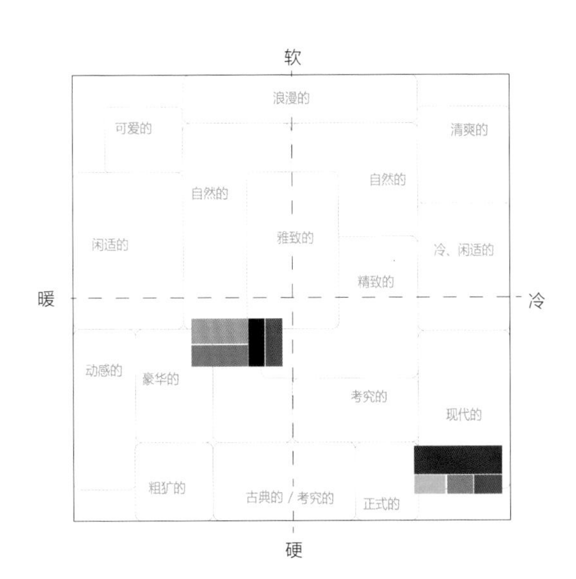

NCS S 0500-N
PANTONE11-4800 TPX
C:0 M:0 Y:1 K:1
R:254 G:253 B:253

NCS S 0515-R60B
PANTONE14-3911 TPX
C:16 M:22 Y:11 K:0
R:221 G:204 B:212

NCS S 0520-R
PANTONE13-1409 TPX
C:8 M:33 Y:19 K:0
R:237 G:190 B:190

NCS S 2030-Y40R
PANTONE16-1331 TPX
C:24 M:51 Y:63 K:2
R:206 G:144 B:97

少女、关怀

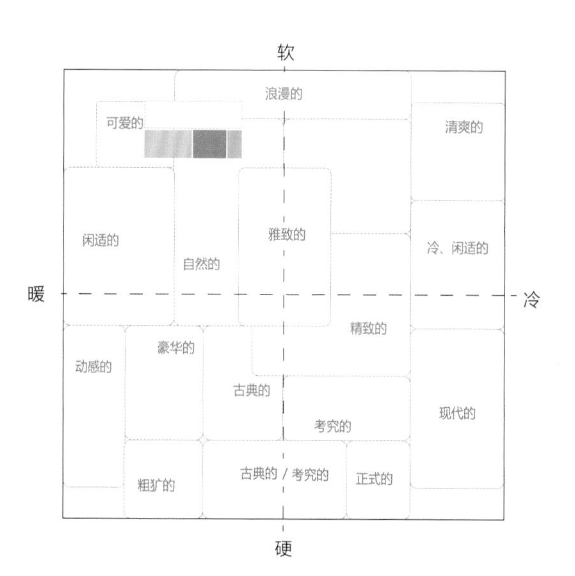

NCS S 0507-R60B
PANTONE14-4206 TPX
C:2 M:11 Y:9 K:0
R:250 G:236 B:231

NCS S 2040-R50B
PANTONE18-3418 TPX
C:40 M:62 Y:38 K:0
R:172 G:116 B:131

NCS S 1530-Y90R
PANTONE15-1415 TPX
C:21 M:43 Y:34 K:0
R:211 G:161 B:153

NCS S 0907-Y70R
PANTONE11-1305 TPX
C:9 M:22 Y:22 K:0
R:237 G:210 B:196

公主、甜美

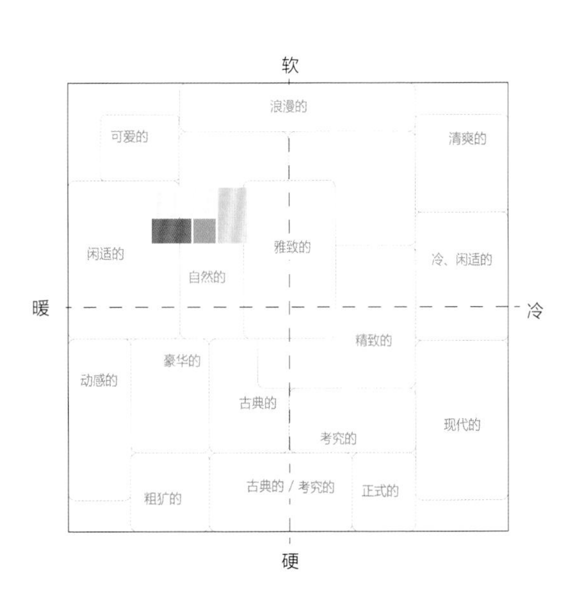

NCS S 0500-N
PANTONE11-4800 TPX
C:0 M:0 Y:1 K:1
R:254 G:253 B:253

梦幻、浪漫

NCS S 2005-R60B
PANTONE14-4210 TPX
C:25 M:22 Y:15 K:0
R:200 G:197 B:204

NCS S 1020-R60B
PANTONE16-3810 TPX
C:33 M:38 Y:20 K:0
R:185 G:164 B:180

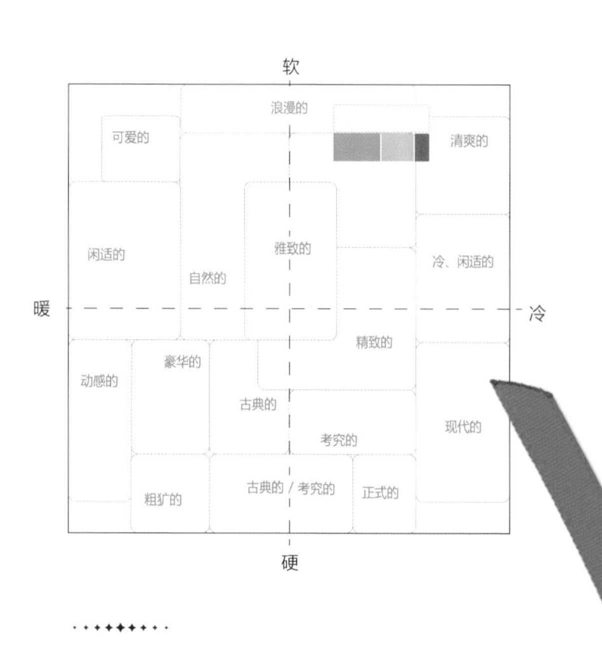

NCS S 4020-R50B
PANTONE18-3712 TPX
C:56 M:61 Y:42 K:0
R:136 G:109 B:125

NCS S 0500-N
PANTONE11-4800 TPX
C:0 M:0 Y:1 K:1
R:254 G:253 B:253

NCS S 2005-Y50R
PANTONE14-0000 TPX
C:18 M:21 Y:24 K:0
R:218 G:205 B:190

NCS S 2020-R80B
PANTONE14-4214 TPX
C:34 M:22 Y:25 K:0
R:182 G:190 B:186

NCS S 2005-R30B
PANTONE14-1108 TPX
C:25 M:26 Y:42 K:0
R:205 G:189 B:154

清雅、自然

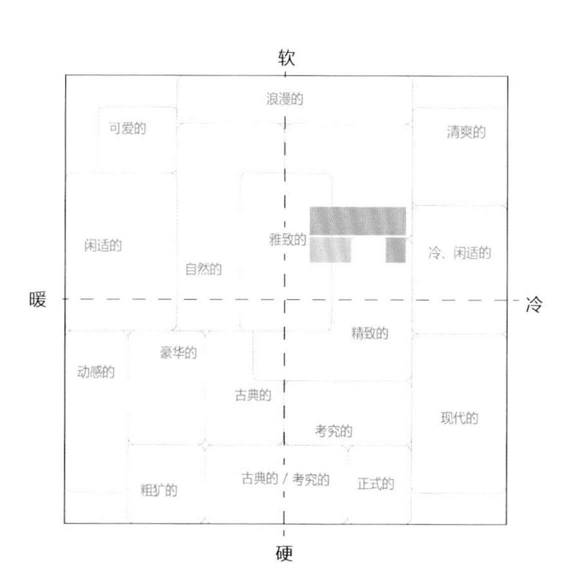

NCS S 1010-B80G
PANTONE13-4804 TPX
C:10 M:1 Y:0 K:10
R:219 G:230 B:236

NCS S 0500-N
PANTONE11-4800 TPX
C:0 M:0 Y:1 K:1
R:254 G:253 B:253

NCS S 1030-R60B
PANTONE14-3612 TPX
C:15 M:31 Y:9 K:0
R:223 G:190 B:208

NCS S 1005-R90B
PANTONE14-4102 TPX
C:27 M:20 Y:14 K:0
R:196 G:198 B:207

幽兰素白

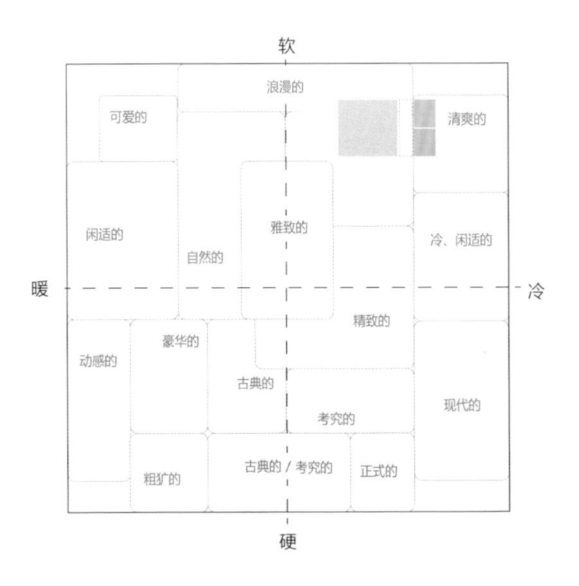

NCS S 0500-N
PANTONE11-4800 TPX
C:0 M:0 Y:1 K:1
R:254 G:253 B:253

NCS S 2010-Y60R
PANTONE15-1309 TPX
C:26 M:26 Y:33 K:0
R:201 G:183 B:167

NCS S 2030-R80B
PANTONE13-4804 TPX
C:10 M:1 Y:0 K:10
R:219 G:230 B:236

NCS S 1020-Y70R
PANTONE13-1405 TPX
C:10 M:27 Y:25 K:0
R:235 G:199 B:185

素净、闲逸

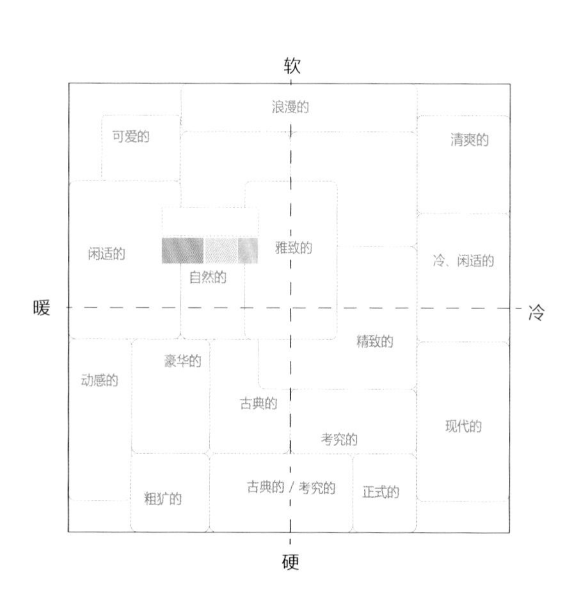

NCS S 0510-Y10R
PANTONE12-0713 TPX
C:5 M:6 Y:22 K:0
R:248 G:241 B:211

NCS S 3000-N
PANTONE15-4203 TPX
C:24 M:19 Y:20 K:0
R:203 G:202 B:200

NCS S 0520-R80B
PANTONE14-4313 TPX
C:23 M:12 Y:10 K:0
R:206 G:217 B:224

NCS S 1515-B80G
PANTONE12-5406 TPX
C:23 M:4 Y:19 K:0
R:209 G:229 B:216

NCS S 1500-N
PANTONE12-4306 TPX
C:11 M:10 Y:9 K:0
R:231 G:230 B:229

田园、安宁

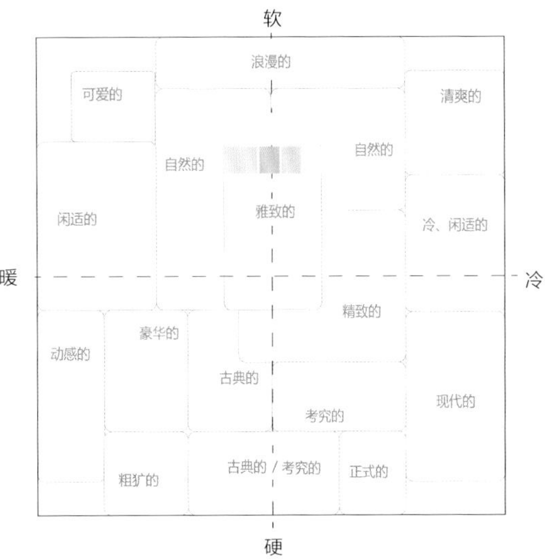

设计公司：Marker Girl Home

NCS S 1500-N
PANTONE12-4306 TPX
C:11 M:10 Y:9 K:0
R:231 G:230 B:229

NCS S 0530-B10G
PANTONE13-4809 TPX
C:36 M:0 Y:8 K:0
R:172 G:234 B:249

NCS S1030-G50Y
PANTONE13-0317 TPX
C:24 M:8 Y:52 K:0
R:211 G:221 B:146

NCS S 1030-Y10R
PANTONE13-0941 TPX
C:10 M:16 Y:64 K:0
R:244 G:218 B:110

设计室：Weatherill Interiors

森林雾霭

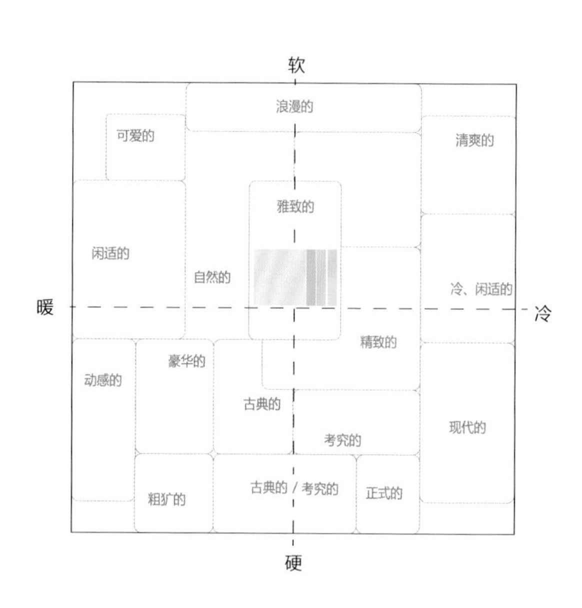

NCS S 0515-B80G
PANTONE12-5408 TPX
C:17 M:2 Y:16 K:0
R:221 G:237 B:224

NCS S 1050-B
PANTONE16-4421 TPX
C:55 M:13 Y:25 K:0
R:123 G:190 B:198

NCS S 1040-B20G
PANTONE15-5217 TPX
C:53 M:0 Y:33 K:0
R:124 G:215 B:197

NCS S 0500-N
PANTONE11-4800 TPX
C:0 M:0 Y:1 K:1
R:254 G:253 B:253

薄荷、清凉

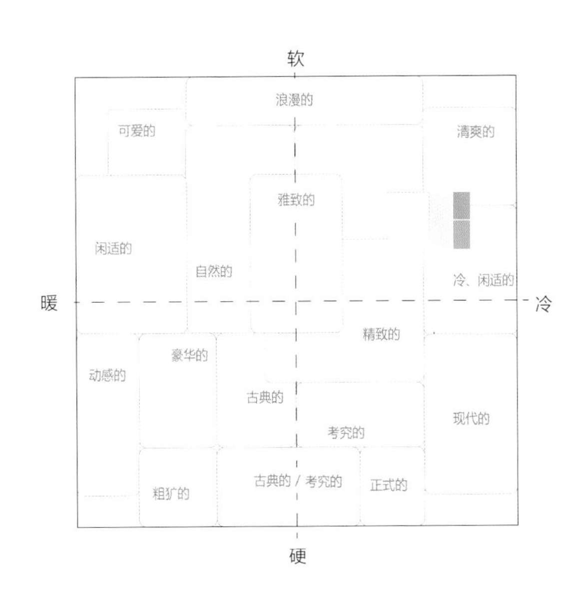

NCS S 0530-R30B
PANTONE14-2808 TPX
C:0 M:35 Y:26 K:0
R:246 G:187 B:173

NCS S 0530-R80B
PANTONE16-3931 TPX
C:19 M:9 Y:0 K:22
R:181 G:190 B:206

NCS S 0530-B
PANTONE14-4318 TPX
C:35 M:0 Y:15 K:0
R:175 G:220 B:222

NCS S 0500-N
PANTONE11-4800 TPX
C:0 M:0 Y:1 K:1
R:254 G:253 B:253

春光明媚

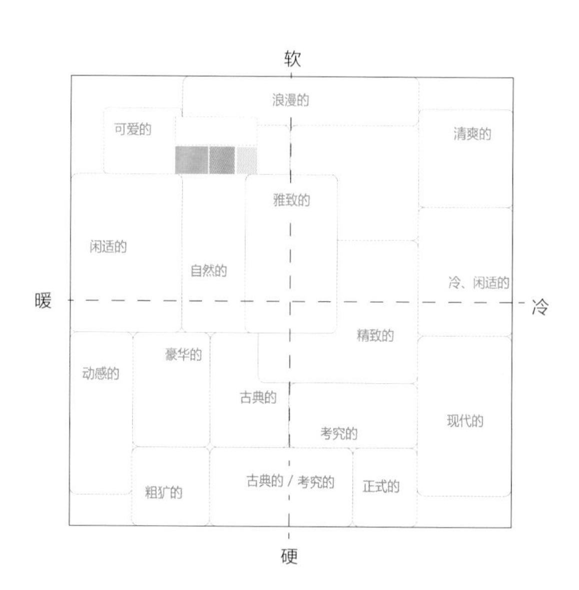

NCS S 0500-N
PANTONE11-4800 TPX
C:0 M:0 Y:1 K:1
R:254 G:253 B:253

NCS S 1040-B
PANTONE14-4522 TPX
C:52 M:11 Y:30 K:0
R:133 G:193 B:189

NCS S 1510-G
PANTONE12-1708 TPX
C:30 M:5 Y:46 K:0
R:198 G:221 B:161

NCS S 2030-R30B
PANTONE15-3214 TPX
C:24 M:61 Y:37 K:0
R:207 G:125 B:133

草长莺飞

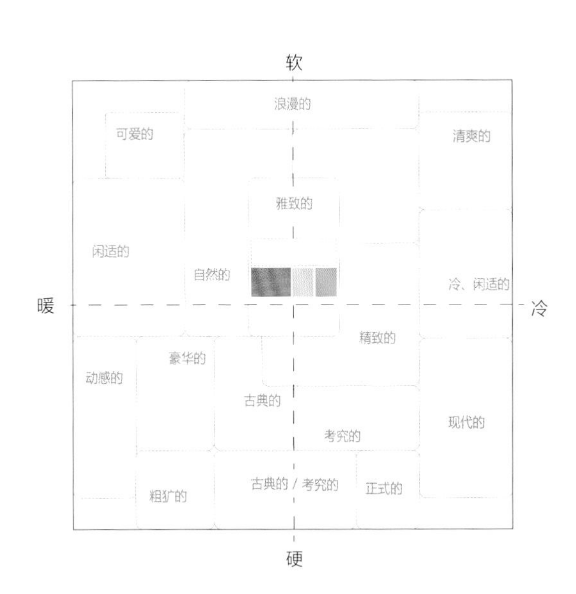

NCS S 1030-B70G
PANTONE13-5409 TPX
C:37 M:3 Y:25 K:0
R:176 G:220 B:206

NCS S 4030-R60B
PANTONE18-3718 TPX
C:67 M:62 Y:49 K:3
R:105 G:101 B:112

NCS S 1015-Y50R
PANTONE12-0911 TPX
C:1 M:25 Y:29 K:0
R:252 G:210 B:181

NCS S 1040-R
PANTONE15-1621 TPX
C:9 M:41 Y:27 K:0
R:235G:173 B:169

设计师：Kim Macumber Interiors

碧波、繁花

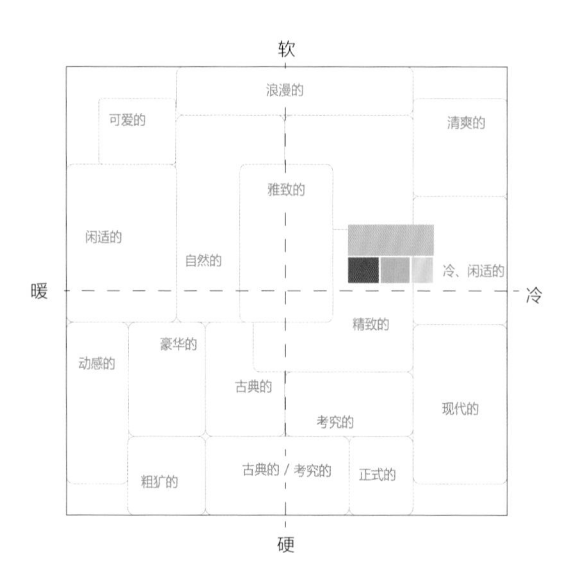

NCS S 1005-R80B
PANTONE14-4002 TPX
C:11 M:8 Y:8 K:0
R:232 G:232 B:232

NCS S 1020-R90B
PANTONE15-4225 TPX
C:25 M:8 Y:0 K:0
R:199 G:220 B:242

NCS S 1020-Y70R
PANTONE14-1219 TPX
C:5 M:29 Y:22 K:0
R:243 G:199 B:188

NCS S 2020-G80Y
PANTONE11-4300 TPX
C:21 M:8 Y:51 K:0
R:219 G:221 B:147

设计工作室：Bungalow5

少女、初心

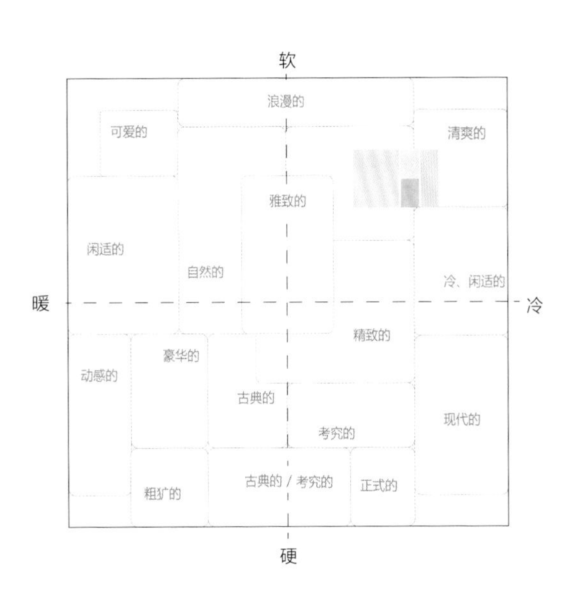

NCS S 0500-N
PANTONE11-4800 TPX
C:0 M:0 Y:1 K:1
R:254 G:253 B:253

NCS S 1030-R80B
PANTONE13-4304 TPX
C:20 M:6 Y:0 K:0
R:210 G:228 B:245

NCS S 0907-Y30R
PANTONE12-0807 TPX
C:7 M:13 Y:34 K:0
R:244 G:226 B:181

NCS S 0520-R50B
PANTONE13-2805 TPX
C:6 M:26 Y:11 K:0
R:242 G:206 B:211

纯真、无邪

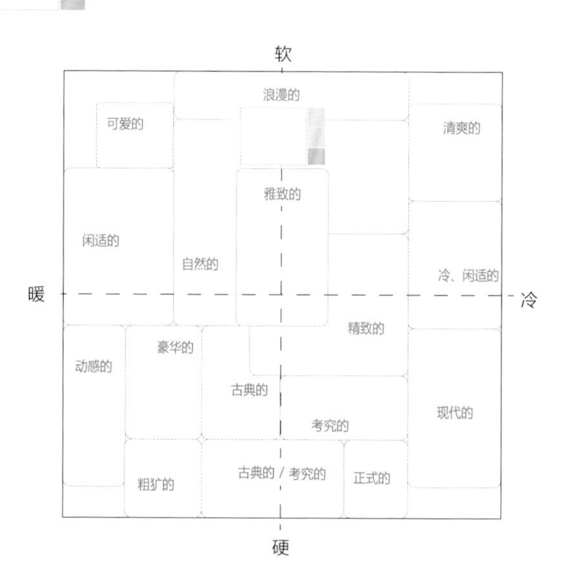

NCS S 1040-B20G
PANTONE15-4421 TPX
C:37 M:5 Y:17 K:0
R:173 G:220 B:219

NCS S 1020-Y10R
PANTONE14-0936 TPX
C:9 M:13 Y:51 K:0
R:244 G:225 B:144

宁静、抚慰

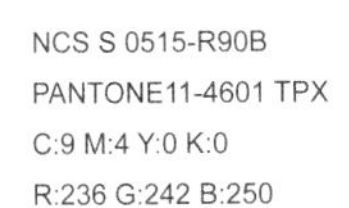

NCS S 0515-R90B
PANTONE11-4601 TPX
C:9 M:4 Y:0 K:0
R:236 G:242 B:250

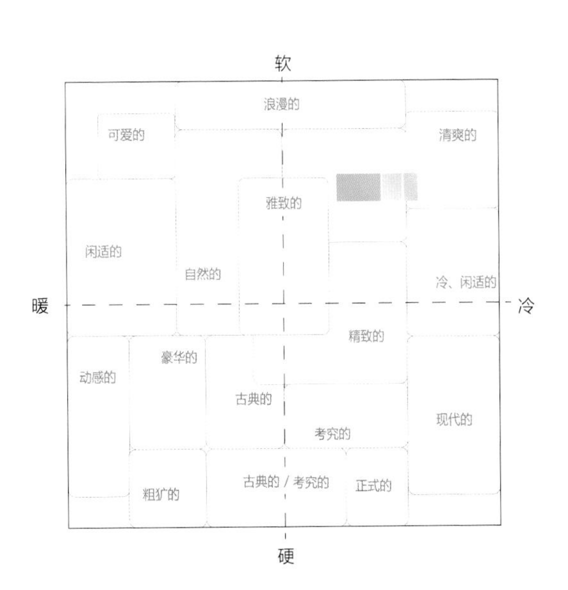

NCS S 1005-R
PANTONE13-0002 TPX
C:13 M:14 Y:17 K:0
R:229 G:220 B:210

NCS S 0500-N
PANTONE11-4800 TPX
C:0 M:0 Y:1 K:1
R:254 G:253 B:253

NCS S 1015-R80B
PANTONE13-4304 TPX
C:20 M:6 Y:0 K:0
R:210 G:228 B:245

NCS S 0515-R80B
PANTONE12-5408 TPX
C:17 M:2 Y:16 K:0
R:221 G:237 B:224

NCS S 2020-Y30R
PANTONE13-1015 TPX
C:14 M:32 Y:53 K:0
R:230 G:187 B:127

设计公司：Paul Bloom and Antler Oak

典雅、安心

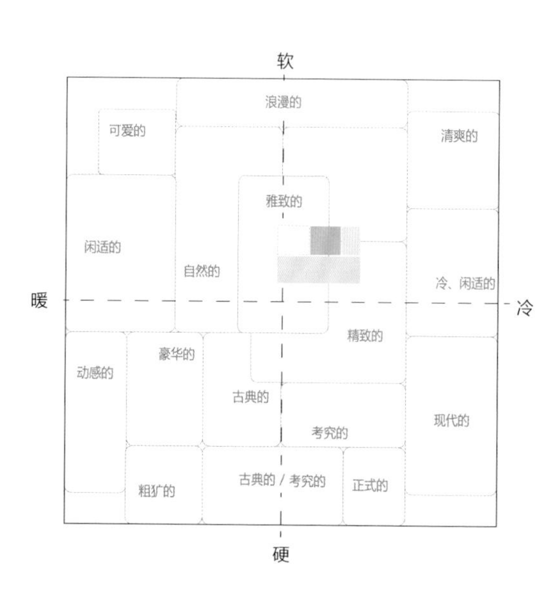

NCS S 1050-B
PANTONE16-4421 TPX
C:55 M:13 Y:25 K:0
R:123 G:190 B:198

NCS S 2030-G80Y
PANTONE13-0532 TPX
C:24 M:5 Y:61 K:0
R:213 G:225 B:127

NCS S 2020-G
PANTONE13-5907 TPX
C:37 M:16 Y:41 K:0
R:176 G:196 B:163

NCS S 0500-N
PANTONE11-4800 TPX
C:0 M:0 Y:1 K:1
R:254 G:253 B:253

假日野餐

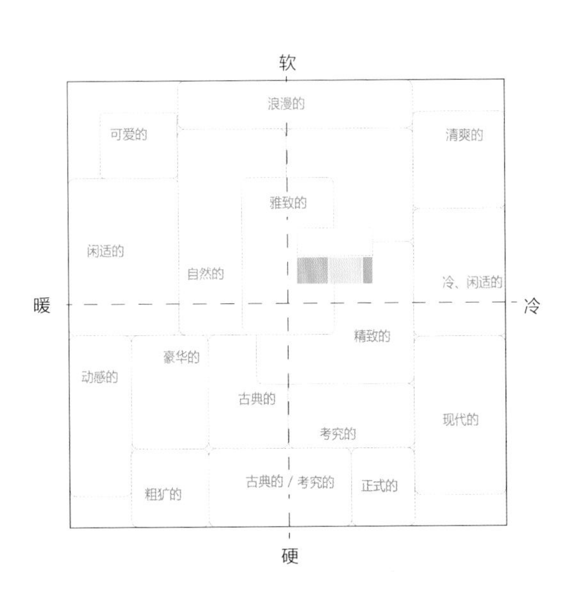

NCS S 1515-B80G
PANTONE12-5406 TPX
C:23 M:4 Y:19 K:0
R:209 G:229 B:216

NCS S 1005-R80B
PANTONE14-4002 TPX
C:11 M:8 Y:8 K:0
R:232 G:232 B:232

NCS S 0500-N
PANTONE11-4800 TPX
C:0 M:0 Y:1 K:1
R:254 G:253 B:253

NCS S 1010-B80G
PANTONE13-4804 TPX
C:10 M:1 Y:0 K:10
R:219 G:230 B:236

松弛、修复

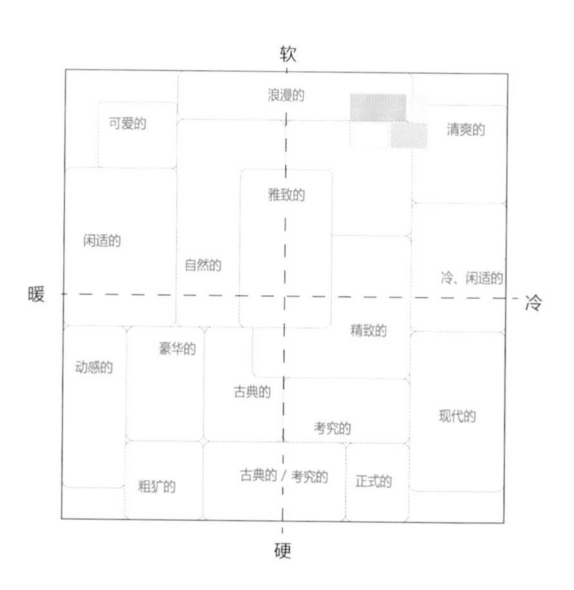

NCS S 1020-R40B
PANTONE14-1508 TPX
C:12 M:26 Y:30 K:0
R:231 G:199 B:177

NCS S 1020-R50B
PANTONE15-3412 TPX
C:14 M:30 Y:20 K:0
R:226 G:191 B:191

NCS S 2040-Y80R
PANTONE16-1337 TPX
C:11 M:51 Y:60 K:0
R:233 G:150 B:101

NCS S 1005-R80B
PANTONE14-4002 TPX
C:11 M:8 Y:8 K:0
R:232 G:232 B:232

设计公司：Coddingdon Design

滋养、新生

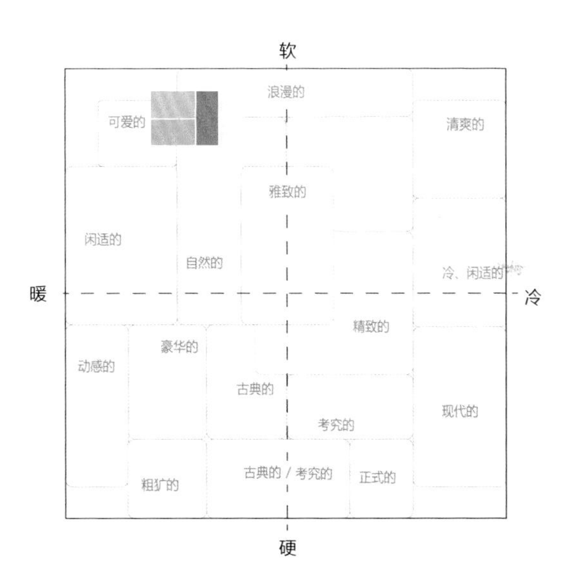

NCS S 2010-Y30R
PANTONE14-1108 TPX
C:25 M:26 Y:42 K:0
R:205 G:189 B:154

现代、活力

NCS S 2010-R10B
PANTONE15-2706 TPX
C:32 M:29 Y:29 K:0
R:185 G:178 B:173

NCS S 1070-Y
PANTONE13-0752 TPX
C:14 M:35 Y:89 K:0
R:224 G:174 B:40

NCS S 8505-R20B
PANTONE19-1102 TPX
C:91 M:88 Y:87 K:79
R:4 G:0 B:1

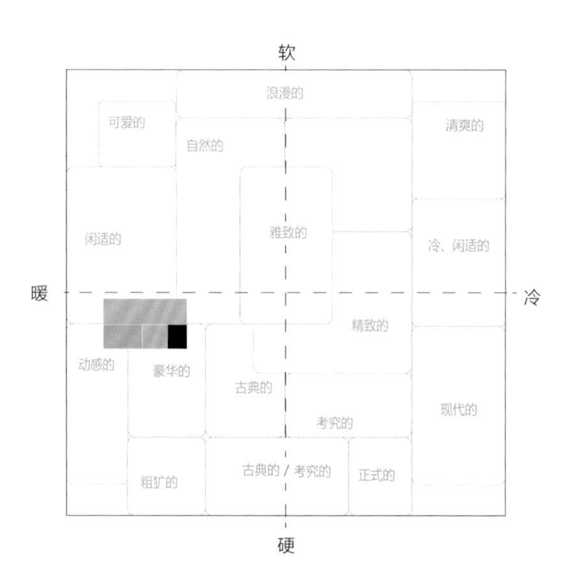

NCS S 1502-Y50R
PANTONE12-0404 TPX
C:0 M:4 Y:10 K:17
R:225 G:220 B:208

NCS S 2002-R
PANTONE14-4002 TPX
C:0 M:5 Y:5 K27
R:206 G:200 B:197

NCS S 1070-Y40R
PANTONE15-1157 TPX
C:1 M:63 Y:91 K:0
R:249 G:126 B:28

NCS S 8005-Y50R
PANTONE19-1314 TPX
C:74 M:82 Y:91 K:66
R:43 G:25 B:15

设计公司：Robert Mills Architects and Interior Designs

时尚、节奏

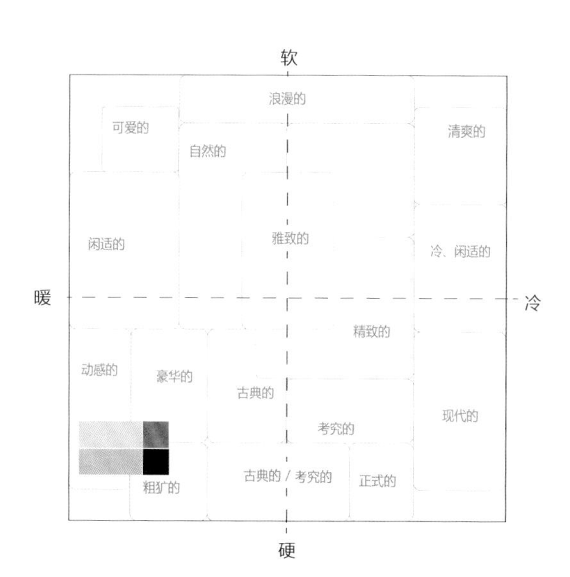

NCS S 8005-Y80R
PANTONE19-1102 TPX
C:74 M:82 Y:91 K:66
R:43 G:25 B:15

NCS S 4040-B10G
PANTONE18-4528 TPX
C:82 M:50 Y:55 K:2
R:49 G:114 B:113

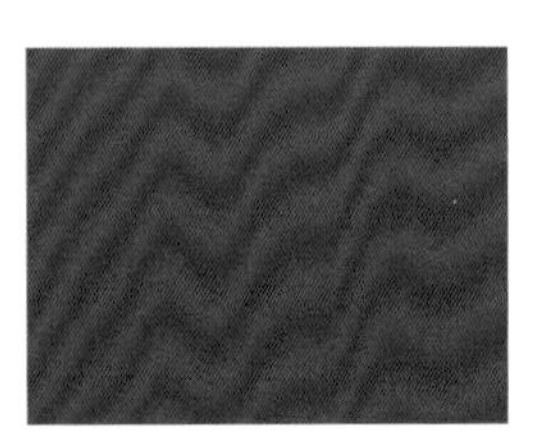

NCS S 3050-R30B
PANTONE17-1723 TPX
C:46 M:76 Y:49 K:1
R:155 G:84 B:105

NCS S 0560-G90Y
PANTONE12-0752 TPX
C:18 M:17 Y:90 K:0
R:220 G:201 B:36

潮流、先锋

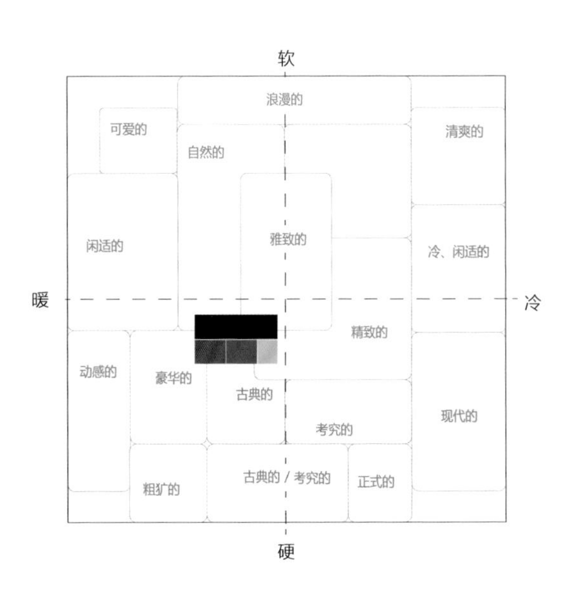

NCS S 6030-R80B
PANTONE19-4044 TPX
C:92 M:78 Y:53 K:19
R:34 G:64 B:90

NCS S 0550-Y40R
PANTONE14-1050 TPX
C:12 M:52 Y:73 K:0
R:230 G:147 B:73

NCS S 3055-R50B
PANTONE18-3324 TPX
C:65 M:83 Y:39 K:1
R:119 G:70 B:113

NCS S 2040-R10B
PANTONE16-1610 TPX
C:42 M:64 Y:57 K:0
R:167 G:111 B:101

沉静、洒脱

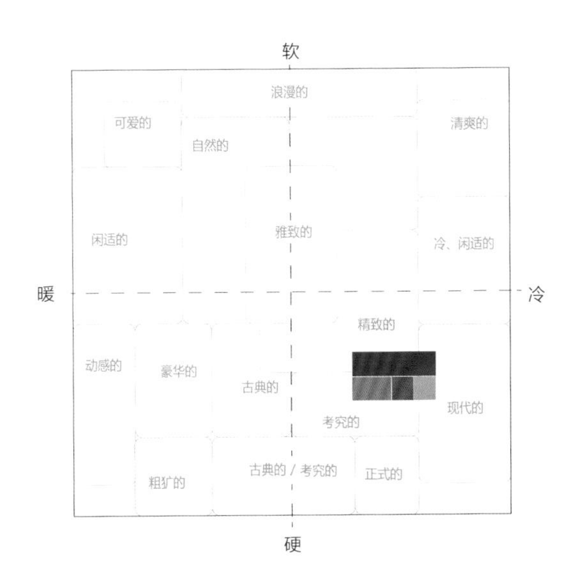

NCS S 4040-B10G
PANTONE16-4535 TPX
C:69 M:3 Y:33 K:0
R:53 G:181 B:181

NCS S 9000-N
PANTONE19-4007 TPX
C:83 M:82 Y:89 K:72
R:24 G:18 B:11

NCS S 0500-N
PANTONE11-4800 TPX
C:0 M:0 Y:1 K:1
R:254 G:253 B:253

NCS S 2030-G50Y
PANTONE15-0336 TPX
C:35 M:11 Y:95 K:0
R:190 G:209 B:13

清凉、灵动

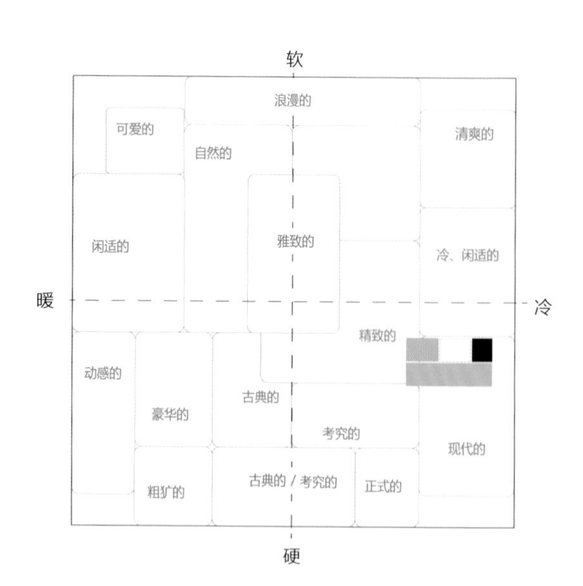

NCS S 0550-Y10R
PANTONE13-0840 TPX
C:13 M:33 Y:75 K:0
R:226 G:179 B:78

NCS S 6030-R80B
PANTONE19-3864 TPX
C:100 M:94 Y:57 K:30
R:15 G:37 B:69

NCS S 1500-N
PANTONE12-4306 TPX
C:0 M:1 Y:2 K:14
R:231 G:230 B:229

NCS S 5040-B90G
PANTONE18-5424 TPX
C:100 M:0 Y:80 K:70
R:0 G:71 B:39

热带、野趣

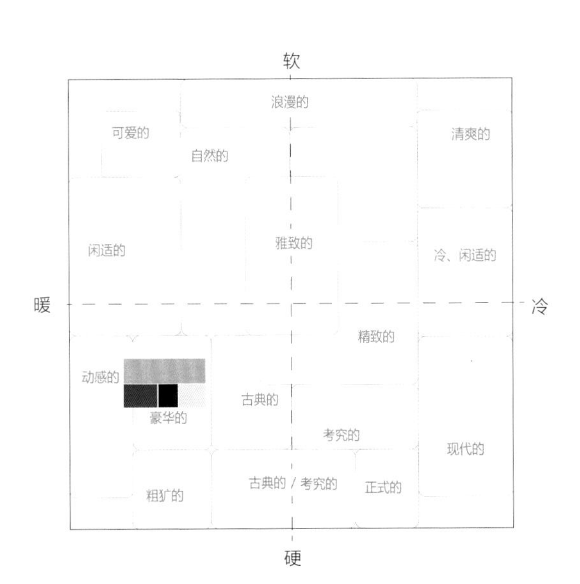

NCS S 0500-N
PANTONE11-4800 TPX
C:0 M:0 Y:1 K:1
R:254 G:253 B:253

NCS S 2020-R80B
PANTONE15-4312 TPX
C:30 M:5 Y:0 K:23
R:157 G:186 B:206

NCS S 2060-Y50R
PANTONE16-1350 TPX
C:22 M:62 Y:87 K:0
R:211 G:121 B:47

NCS S 2565-R80B
PANTONE18-3945 TPX
C:85 M:74 Y:28 K:0
R:61 G:81 B:137

休闲、友好

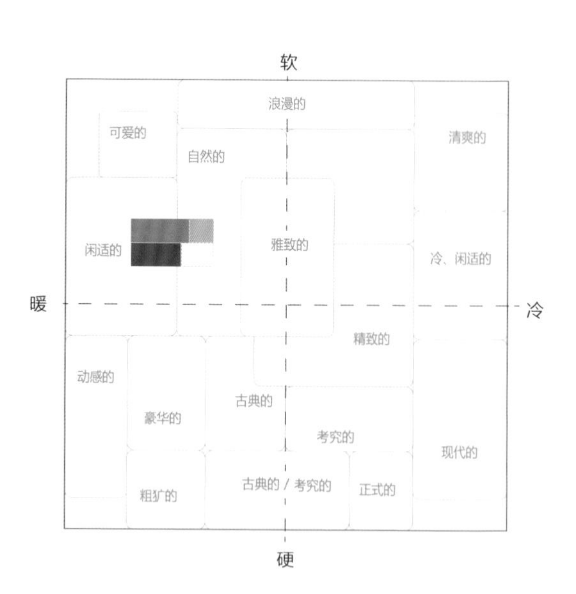

NCS S 0500-N
PANTONE11-4800 TPX
C:0 M:0 Y:1 K:1
R:254 G:253 B:253

NCS S 2565-R80B
PANTONE18-4045 TPX
C:93 M:74 Y:44 K:6
R:23 G:74 B:109

NCS S 2570-Y40R
PANTONE16-1448 TPX
C:36 M:76 Y:100 K:1
R:176 G:89 B:34

NCS S 8500-N
PANTONE19-0303 TPX
C:80 M:73 Y:78 K:53
R:43 G:45 B:40

率真、开放

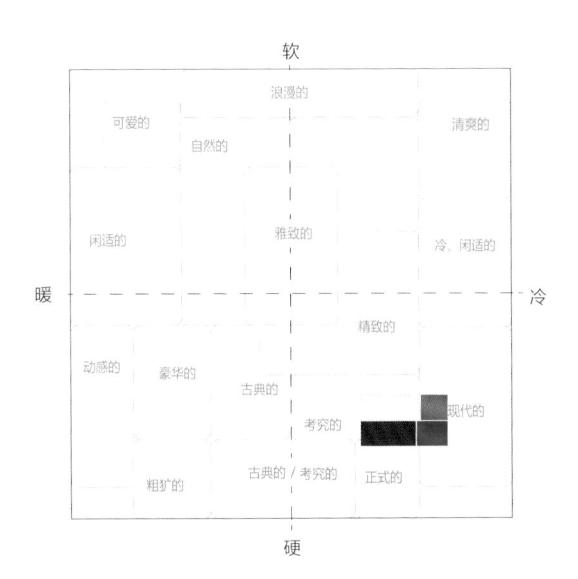

NCS S 5040-B
PANTONE19-4340 TPX
C:92 M:69 Y:57 K:18
R:17 G:75 B:91

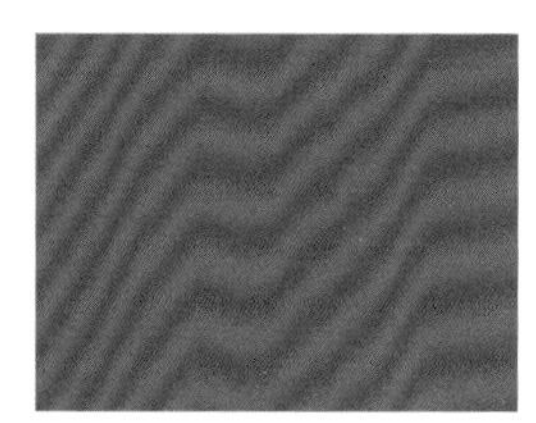

NCS S 2070-Y50R
PANTONE16-1454 TPX
C:21 M:73 Y:85 K:0
R:203 G:98 B:49

NCS S 2030-Y40R
PANTONE14-1127 TPX
C:20 M:44 Y:72 K:0
R:210 G:155 B:83

NCS S2010-R70B
PANTONE14-4106 TPX
C:19 M:9 Y:0 K:22
R:181 G:190 B:206

设计师：Holly Phillips @The English Room

自由、艺术

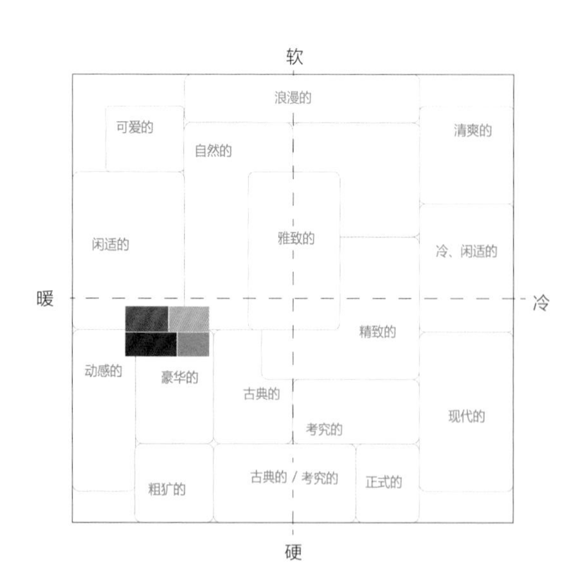

NCS S 0500-N
PANTONE11-4800 TPX
C:0 M:0 Y:1 K:1
R:254 G:253 B:253

NCS S 2060-R30B
PANTONE17-2227 TPX
C:50 M:99 Y:55 K:6
R:150 G:33 B:83

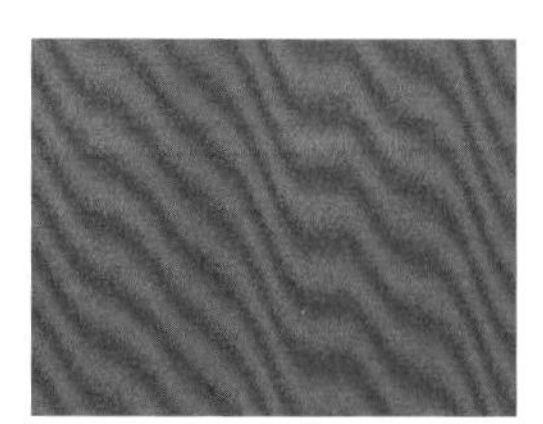

NCS S 0585-Y40R
PANTONE11-1564 TPX
C:1 M:63 Y:91 K:0
R:249 G:126 B:13

NCS S 1560-R90B
PANTONE17-4435 TPX
C:80 M:45 Y:30 K:0
R:50 G:125 B:159

设计师：Holly Phillips @The English Room

馨恬、温柔

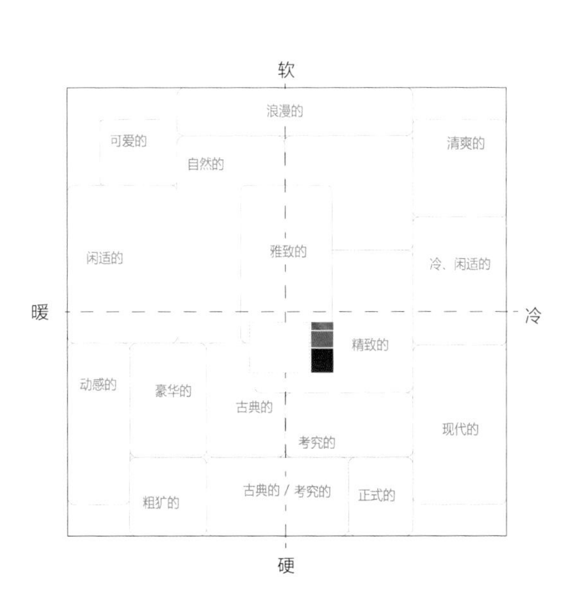

NCS S 1050-Y10R
PANTONE14-10362 TPX
C:14 M:36 Y:88 K:0
R:233 G:177 B:35

NCS S 1030-G80Y
PANTONE12-0426 TPX
C:17 M:0 Y:60 K:2
R:221 G:228 B:126

NCS S 4030-R50B
PANTONE17-3612 TPX
C:75 M:78 Y:53 K:17
R:83 G:67 B:89

NCS S 1050-B30G
PANTONE15-4825 TPX
C:72 M:7 Y:36 K:0
R:21 G:183 B:183

馥郁、明媚

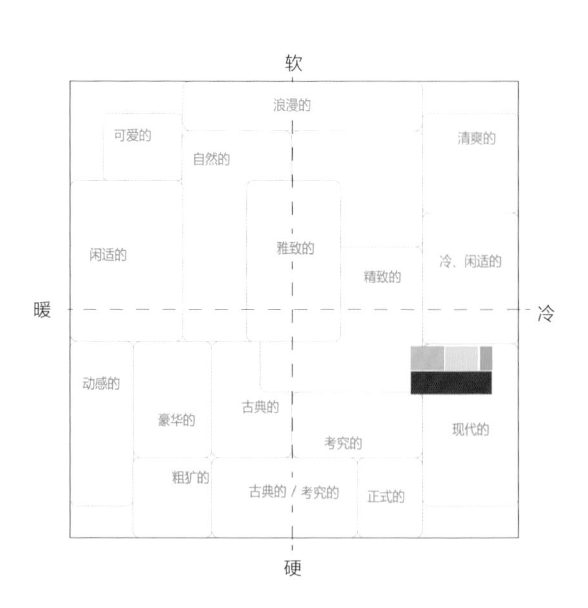

NCS S 2040-R20B
PANTONE16-1715 TPX
C:0 M:60 Y:15 K:18
R:209 G:118 B:143

NCS S 5020-R
PANTONE18-1612 TPX
C:65 M:71 Y:69 K:27
R:94 G:71 B:66

NCS S 2030-G10Y
PANTONE14-6319 TPX
C:52 M:0 Y:52 K:0
R:126 G:192 B:143

NCS S 1030-Y60R
PANTONE14-1225 TPX
C:8 M:38 Y:39 K:0
R:239 G:179 B:149

随性、洒脱

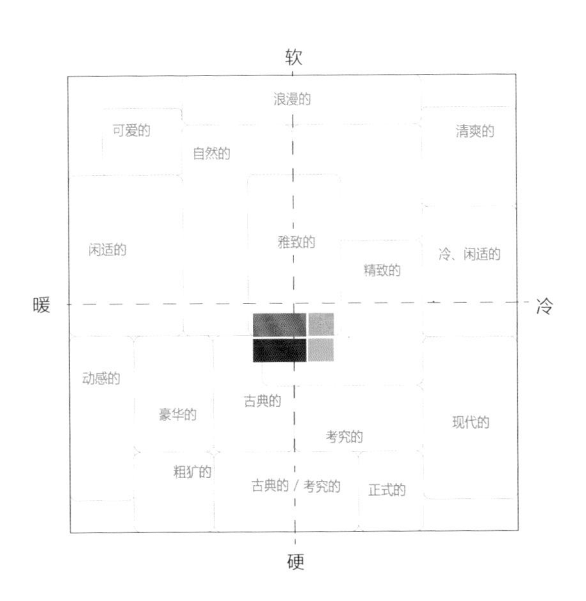

NCS S 8005-R80B
PANTONE19-4014 TPX
C:35 M:10 Y:0 K:92
R:31 G:38 B:49

NCS S 2050-Y20R
PANTONE15-1050 TPX
C:31 M:46 Y:81 K:0
R:193 G:148 B:68

NCS S 1070-R20B
PANTONE18-2043 TPX
C:0 M:90 Y:20 K:5
R:224 G:47 B:116

NCS S3055-R50B
PANTONE18-3533 TPX
C:81 M:100 Y:51 K:22
R:73 G:32 B:79

设计师：Abigail Ahern

叛逆、惊艳

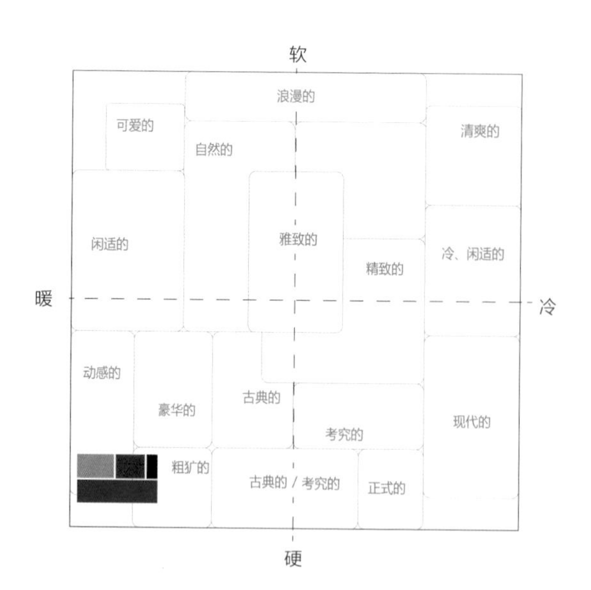

NCS S 2060-B
PANTONE17-4433 TPX
C:90 M:8 Y:0 K:25
R:0 G:133 B:190

NCS S 4040-R20B
PANTONE17-1723 TPX
C:54 M:91 Y:53 K:7
R:140 G:52 B:88

NCS S 7005-R80B
PANTONE18-0221 TPX
C:73 M:62 Y:57 K:10
R:87 G:94 B:98

NCS S 5030-Y50R
PANTONE17-1230 TPX
C:31 M:60 Y:67 K:0
R:193 G:123 B:87

自在、异域

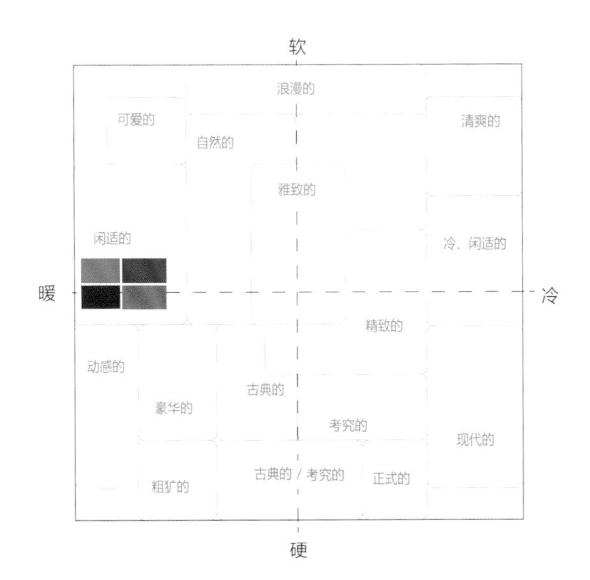

NCS S 1502-Y50R
PANTONE12-0404 TPX
C:0 M:4 Y:10 K:17
R:225 G:220 B:208

NCS S 1010-R30B
PANTONE13-1904 TPX
C:11 M:21 Y:30 K:0
R:233 G:209 B:182

NCS S 2040-R60B
PANTONE18-3418 TPX
C:68 M:75 Y:45 K:4
R:108 G:81 B:109

NCS S 0520-Y10R
PANTONE12-0736 TPX
C:17 M:19 Y:68 K:0
R:229 G:207 B:101

NCS S 4050-B50G
PANTONE19-4922 TPX
C:89 M:59 Y:85 K:33
R:18 G:76 B:55

NCS S 4040-R10B
PANTONE19-1532 TPX
C:56 M:92 Y:91 K:46
R:91 G:29 B:26

精巧、别致

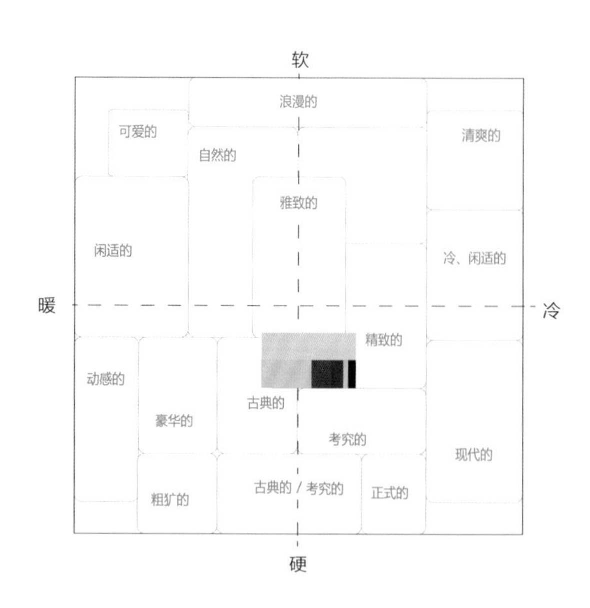

NCS S 3050-R90B
PANTONE19-4245 TPX
C:89 M:67 Y:43 K:3
R:38 G:88 B:120

NCS S 2050-R40B
PANTONE17-1723 TPX
C:38 M:85 Y:38 K:0
R:180 G:68 B:113

NCS S 0500-N
PANTONE11-4800 TPX
C:0 M:0 Y:1 K:1
R:254 G:253 B:253

NCS S 3040-B10G
PANTONE17-4728 TPX
C:84 M:43 Y:54 K:0
R:23 G:125 B:124

设计师：Jessica Buckley Interiors

清秀、明丽

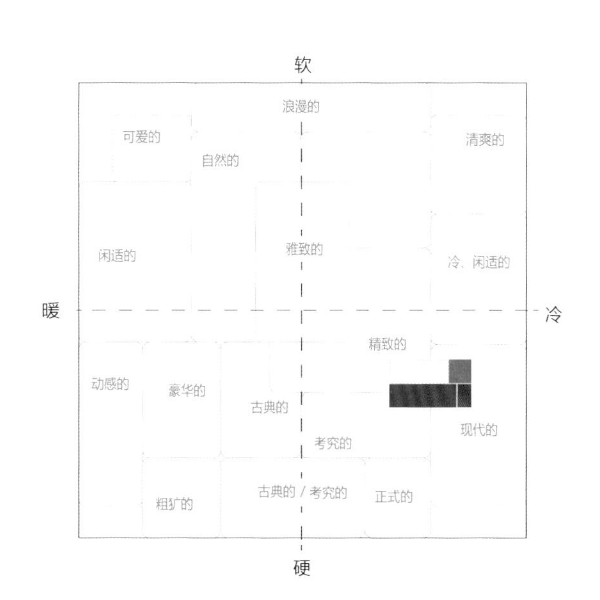

NCS S 2020-B10G
PANTONE14-4508 TPX
C:46 M:21 Y:28 K:0
R:154 G:182 B:183

NCS S 1070-Y10R
PANTONE15-1054 TPX
C:13 M:43 Y:93 K:0
R:233 G:164 B:11

NCS S 2060-R
PANTONE18-1663 TPX
C:37 M:97 Y:100 K:3
R:179 G:37 B:32

NCS S 0500-N
PANTONE11-4800 TPX
C:0 M:0 Y:1 K:1
R:254 G:253 B:253

童趣、幽默

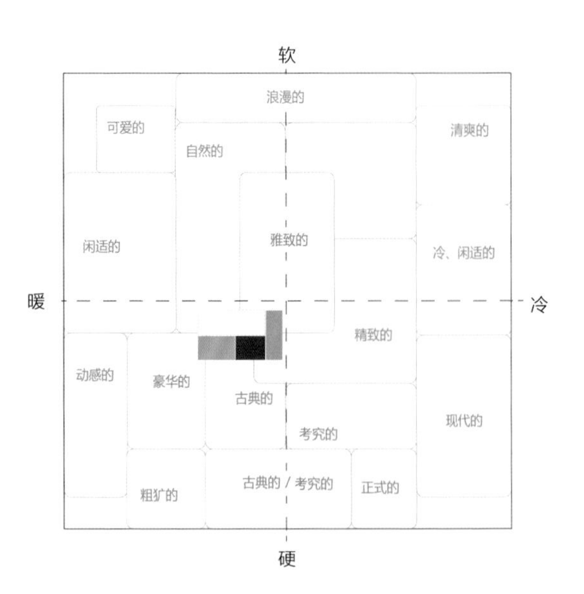

NCS S 0500-N
PANTONE11-4800 TPX
C:0 M:0 Y:1 K:1
R:254 G:253 B:253

NCS S 2060-Y80R
PANTONE16-1451 TPX
C:0 M:88 Y:82 K:0
R:255 G:58 B:38

NCS S 2030-G10Y
PANTONE19-1934 TPX
C:61 M:14 Y:73 K:0
R:112 G:178 B:102

NCS S 9000-N
PANTONE19-4007 TPX
C:83 M:82 Y:89 K:72
R:24 G:18 B:11

玩酷、引人注意

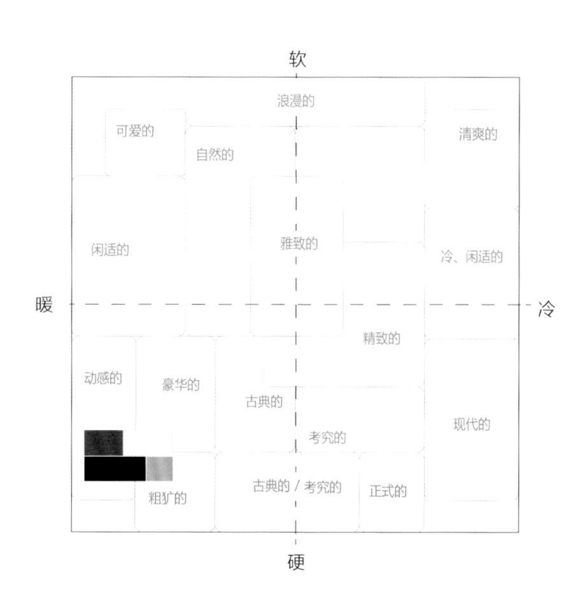

NCS S 1000-N
PANTONE12-4306 TPX
C:0 M:0 Y:2 K:6
R:245 G:245 B:243

NCS S 1510-Y60R
PANTONE12-1206 TPX
C:11 M:23 Y:27 K:0
R:234 G:207 B:185

NCS S 2020-R10B
PANTONE15-1906 TPX
C:23 M:38 Y:24 K:0
R:206G:170 B:175

NCS S 2020-B
PANTONE14-4313 TPX
C:42 M:18 Y:18 K:0
R:163 G:193 B:204

设计公司：Dyer Grimes Architecture

素雅、知性

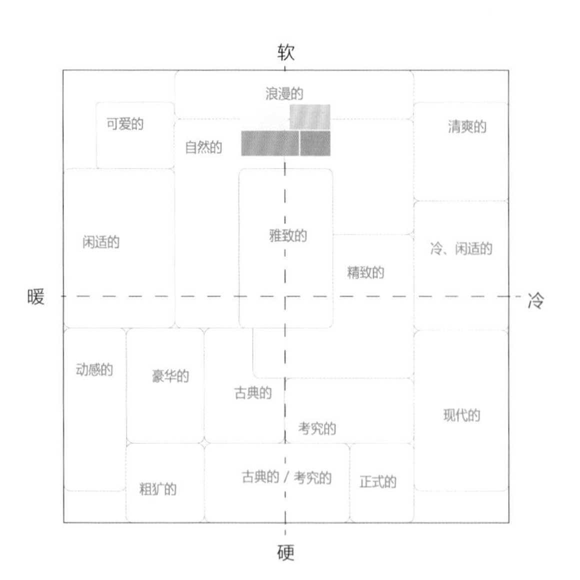

NCS S 2020-R40B
PANTONE15-3206 TPX
C:33 M:38 Y:20 K:0
R:185 G:164 B:180

NCS S 2005-Y50R
PANTONE14-0000 TPX
C:0 M:10 Y:15 K:20
R:218 G:205 B:190

NCS S 4020-R10B
PANTONE17-1511 TPX
C:0 M:27 Y:15 K:50
R:155 G:127 B:126

NCS S 4030-R60B
PANTONE18-3718 TPX
C:67 M:62 Y:49 K:3
R:105 G:101 B:112

柔美、优雅

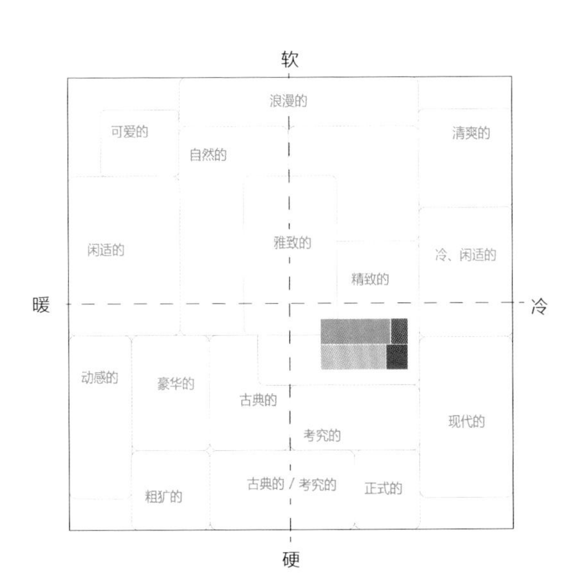

NCS S 2010-Y40R
PANTONE15-1309 TPX
C:23 M:26 Y:33 K:0
R:208 G:191 B:169

NCS S 0500-N
PANTONE11-4800 TPX
C:0 M:0 Y:1 K:1
R:254 G:253 B:253

NCS S 4010-Y50R
PANTONE16-1412 TPX
C:42 M:42 Y:51 K:0
R:165 G:148 B:124

NCS S 8010-R90B
PANTONE19-3920 TPX
C:83 M:78 Y:68 K:47
R:43 G:44 B:51

朴素、低调

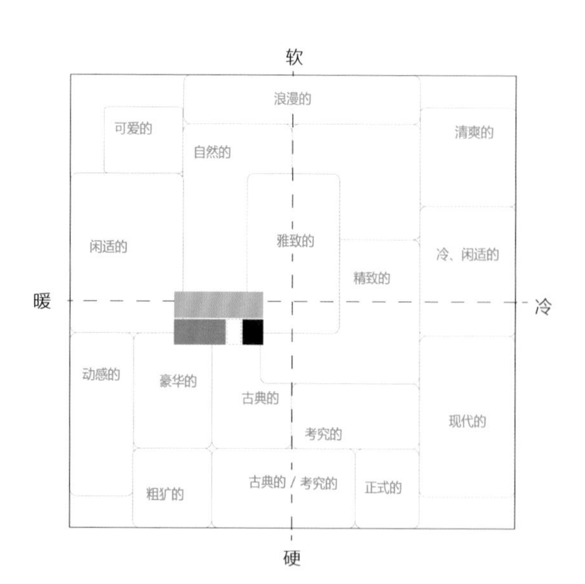

NCS S 1502-Y50R
PANTONE12-0404 TPX
C:0 M:4 Y:10 K:17
R:225 G:220 B:208

NCS S 3020-R70B
PANTONE17-1510 TPX
C:63 M:64 Y:62 K:11
R:111 G:94 B:88

NCS S 2060-Y50R
PANTONE16-1454 TPX
C:30 M:78 Y:100 K:0
R:194 G:86 B:29

NCS S 7020-R10B
PANTONE19-1617 TPX
C:68 M:83 Y:60 K:55
R:63 G:34 B:32

细腻、沉着

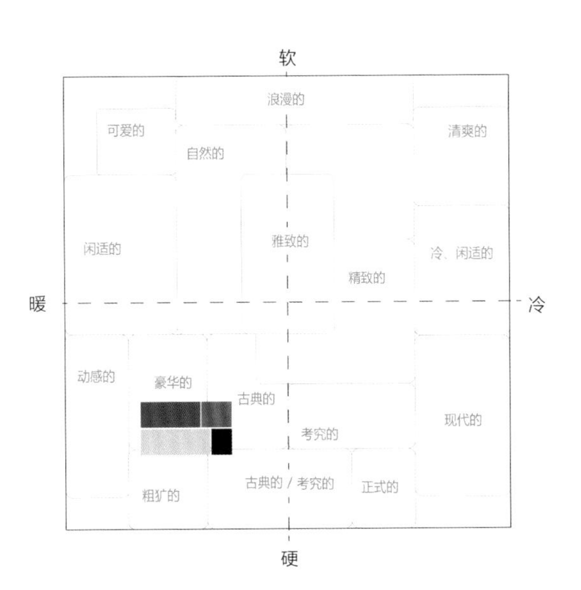

NCS S 3005-Y50R
PANTONE15-4503 TPX
C:28 M:31 Y:39 K:0
R:196 G:178 B:155

NCS S 4030-Y
PANTONE16-1126 TPX
C:38 M:48 Y:72K:0
R:178 G:140 B:84

NCS S 7020-R70B
PANTONE19-3839 TPX
C:88 M:90 Y:57 K:33
R:47 G:41 B:69

NCS S 7020-R20B
PANTONE19-1716 TPX
C:59 M:91 Y:77 K:42
R:93 G:34 B:42

风雅、仕人

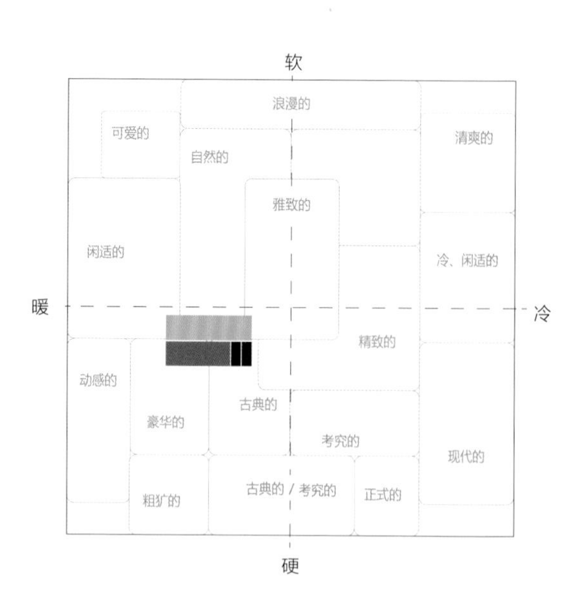

NCS S 4010-G10Y
PANTONE16-5807 TPX
C:65 M:50 Y:65 K:4
R:110 G:119 B:97

NCS S 2020-Y30R
PANTONE13-1015 TPX
C:0 M:26 Y:49 K:12
R:230 G:187 B:127

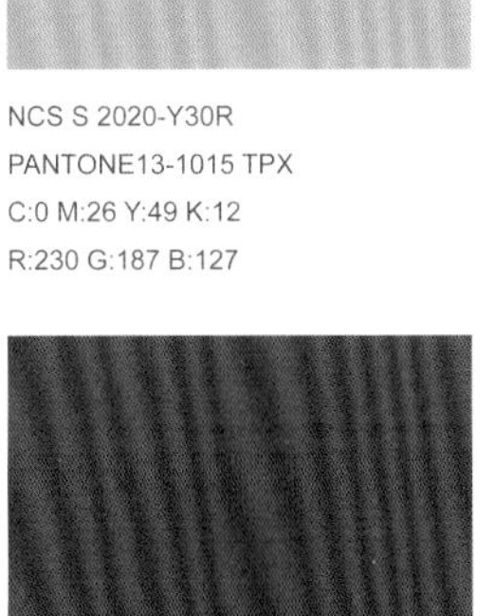

NCS S 4030-R
PANTONE18-1629 TPX
C:43 M:77 Y:81 K:5
R:163 G:83 B:60

NCS S 2005-Y30R
PANTONE12-5202 TPX
C:0 M:7 Y:20 K:18
R:223 G:212 B:188

设计工作室：Edwina Drummond Interiors

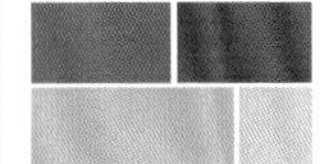

回忆、灵秀

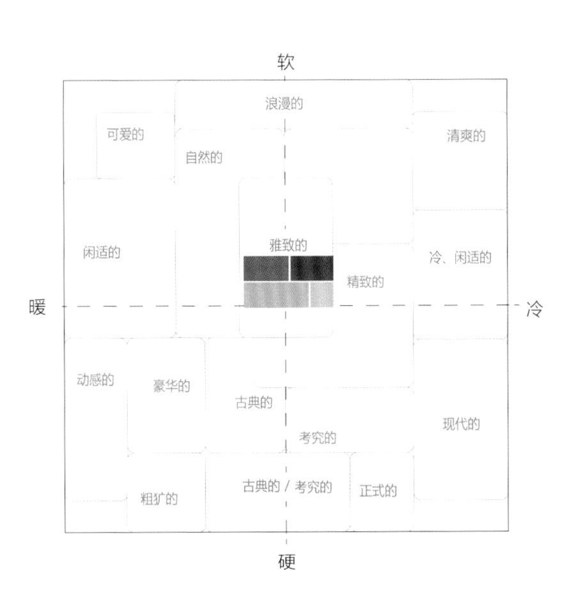

NCS S 4030-R50B
PANTONE17-1614 TPX
C:59 M:76 Y:67 K:20
R:114 G:71 B:71

NCS S 3030-R60B
PANTONE16-3525 TPX
C:56 M:61 Y:42 K:0
R:136 G:109 B:125

NCS S 3010-R30B
PANTONE15-1607 TPX
C:34 M:37 Y:41 K:0
R:183 G:163 B:146

NCS S 1040-Y10R
PANTONE13-0941 TPX
C:17 M:29 Y:66 K:0
R:224 G:188 B:101

洗练、平静

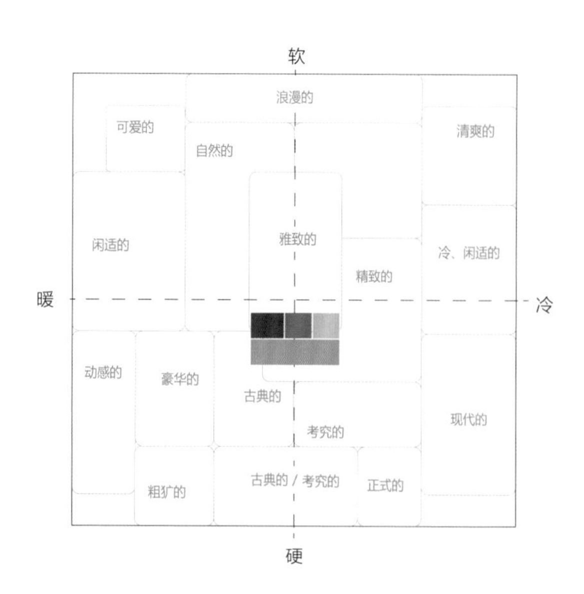

NCS S 1000-N
PANTONE12-4306 TPX
C:0 M:0 Y:2 K:6
R:245 G:245 B:243

NCS S 2020-R60B
PANTONE16-3521 TPX
C:43 M:47 Y:35 K:0
R:162 G:141 B:147

NCS S 3030-R80B
PANTONE17-3930 TPX
C:57 M:42 Y:27 K:0
R:127 G:141 B:105

NCS S 0510-Y40R
PANTONE12-0704 TPX
C:6 M:18 Y:28 K:0
R:244 G:219 B:189

高贵、舒适

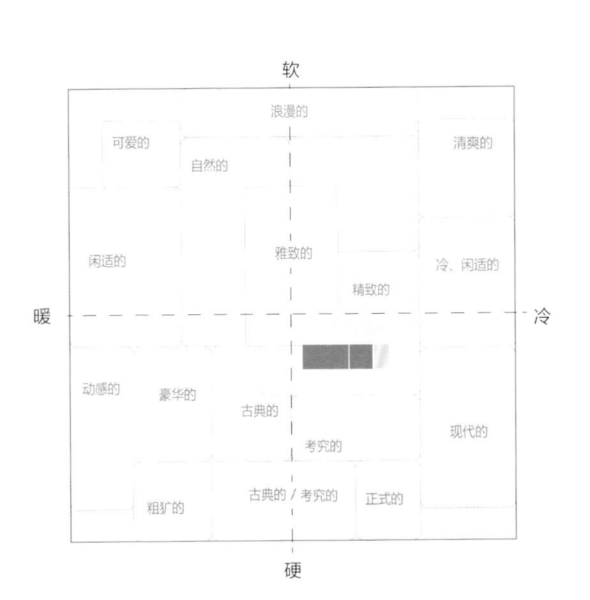

NCS S 3020-G80Y
PANTONE14-0425 TPX
C:32 M:29 Y:52 K:0
R:189 G:178 B:132

NCS S 5010-G30Y
PANTONE17-0115 TPX
C:62 M:50 Y:71 K:4
R:117 G:121 B:88

NCS S 0500-N
PANTONE11-4800 TPX
C:0 M:0 Y:1 K:1
R:254 G:253 B:253

NCS S 3040-R50B
PANTONE18-2525 TPX
C:50 M:79 Y:59 K:6
R:147 G:77 B:87

田园、清丽

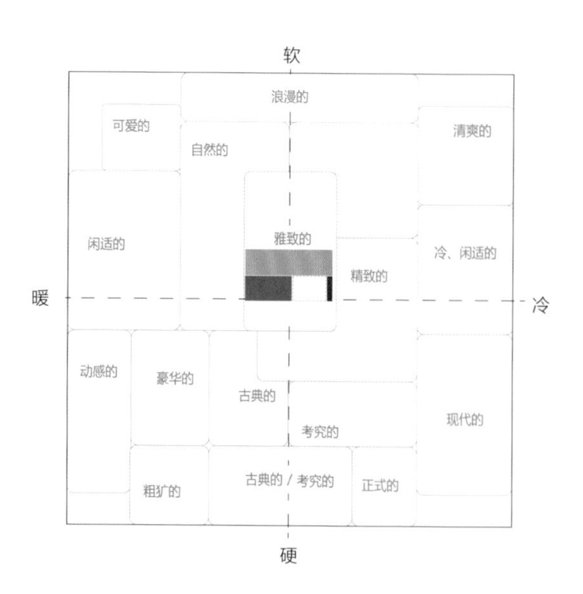

NCS S 3000-N
PANTONE14-4203 TPX
C:0 M:1 Y:3 K:29
R:203 G:202 B:200

NCS S 2030-R50B
PANTONE16-3307 TPX
C:43 M:47 Y:35 K:0
R:162 G:141 B:147

NCS S 5040-R90B
PANTONE19-4049 TPX
C:96 M:84 Y:56 K:26
R:21 G:50 B:76

NCS S 5040-R60B
PANTONE19-3737 TPX
C:80 M:84 Y:64 K:44
R:52 G:41 B:55

设计工作室：Eileen Kathryn Boyd Interiors

神秘、韵律

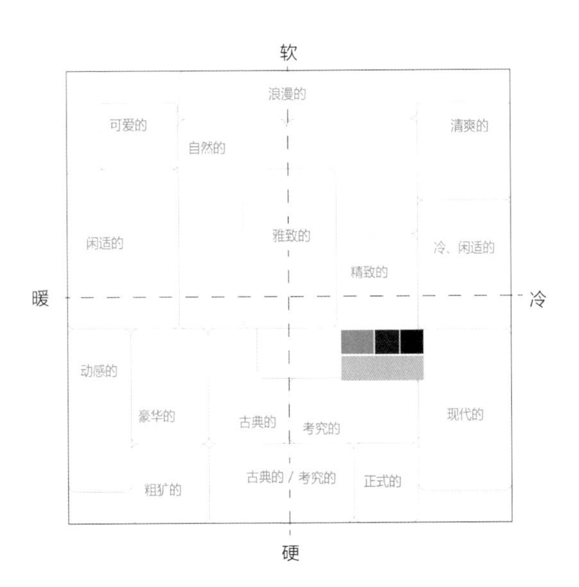

NCS S 0500-N
PANTONE11-4800 TPX
C:0 M:0 Y:1 K:1
R:254 G:253 B:253

NCS S 2030-Y40R
PANTONE14-1133 TPX
C:0 M:41 Y:62 K:10
R:229 G:161 B:94

NCS S 4010-R30B
PANTONE17-1516 TPX
C:44 M:49 Y:63 K:1
R:162 G:135 B:100

NCS S 7010-Y30R
PANTONE18-1112 TPX
C:67 M:64 Y:76 K:24
R:91 G:82 B:63

中庸、随意

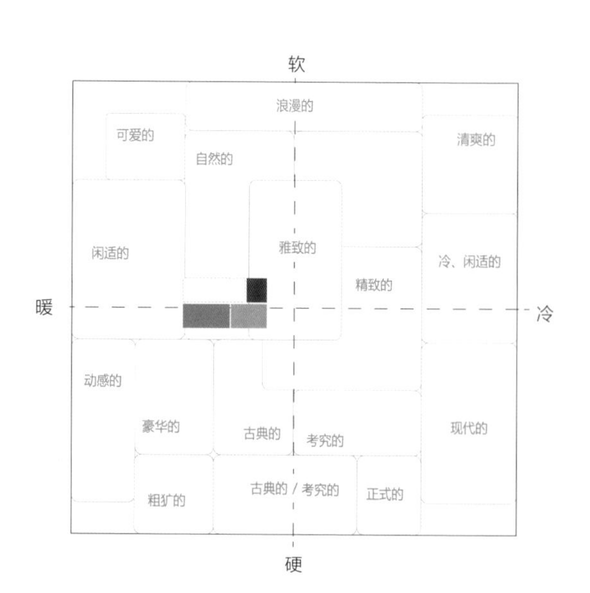

NCS S 5020-Y30R
PANTONE17-1336 TPX
C:54 M:68 Y:98 K:17
R:128 G:86 B:38

NCS S 0907-Y70R
PANTONE11-1305 TPX
C:9 M:22 Y:22 K:0
R:234 G:207 B:193

NCS S 4020-R40B
PANTONE18-1710 TPX
C:55 M:69 Y:68 K:12
R:129 G:88 B:76

NCS S 4030-R70B
PANTONE18-3932 TPX
C:77 M:69 Y:50 K:9
R:78 G:84 B:104

正统、哲学感

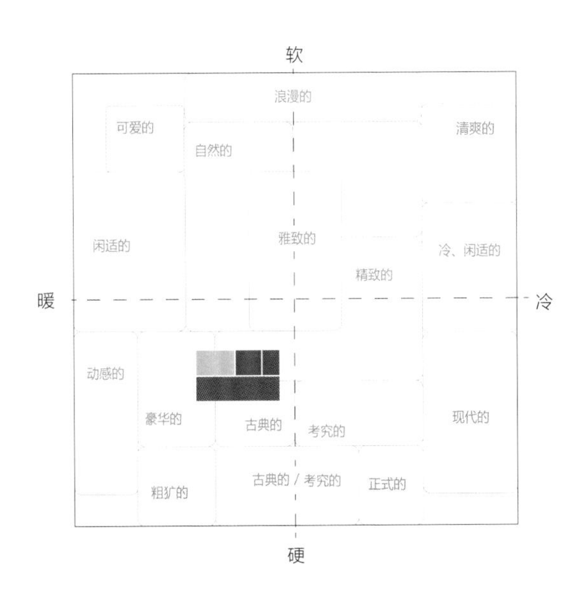

NCS S 3050-R90B
PANTONE19-4245 TPX
C:89 M:67 Y:43 K:3
R:38 G:88 B:120

NCS S 0500-N
PANTONE11-4800 TPX
C:0 M:0 Y:1 K:1
R:254 G:253 B:253

NCS S 0907-Y70R
PANTONE11-1305 TPX
C:9 M:22 Y:22 K:0
R:234 G:207 B:193

NCS S 7020-R80B
PANTONE19-3810 TPX
C:93 M:90 Y:67 K:55
R:21 G:26 B:44

戏剧化、有趣

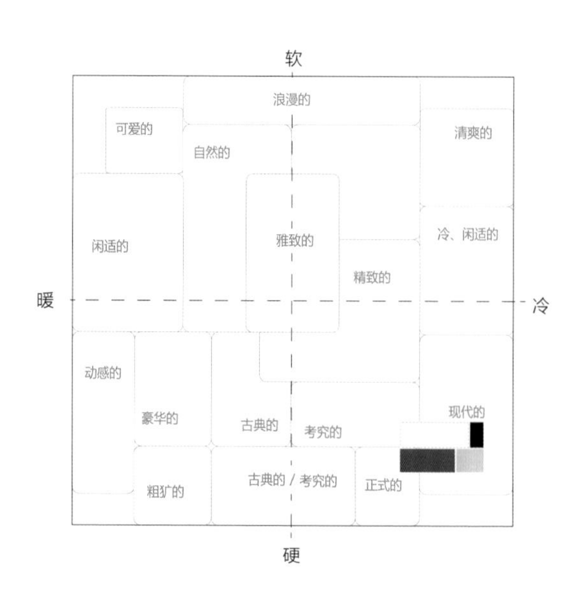

NCS S 2005-Y30R
PANTONE12-5202 TPX
C:0 M:7 Y:20 K:18
R:223 G:212 B:188

NCS S 4020-R60B
PANTONE16-3810 TPX
C:59 M:57 Y:52 K:1
R:125 G:113 B:113

NCS S 3030-Y80R
PANTONE16-1522 TPX
C:44 M:63 Y:66 K:1
R:163 G:111 B:88

NCS S 3030-Y30R
PANTONE16-1144 TPX
C:38 M:53 Y:83 K:0
R:178 G:132 B:63

朴实、大方

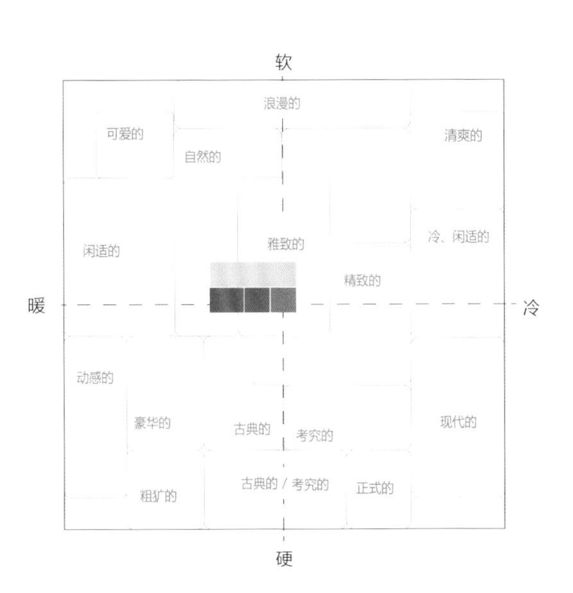

NCS S 2502-R
PANTONE14-4002 TPX
C:0 M:5 Y:5 K:27
R:206 G:200 B:197

简洁、明快

NCS S 2050-B
PANTONE18-4334 TPX
C:74 M:27 Y:28 K:0
R:57 G:155 B:179

NCS S 1040-Y10R
PANTONE13-0941 TPX
C:17 M:29 Y:66 K:0
R:224 G:188 B:101

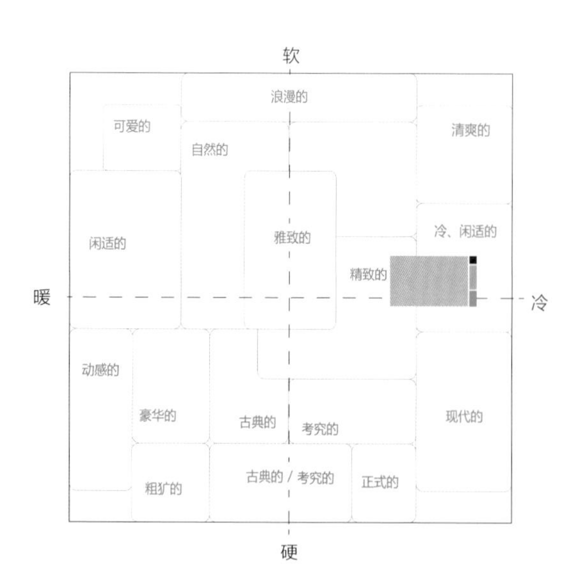

NCS S 5540-R70B
PANTONE19-3832 TPX
C:100 M:100 Y:53 K:11
R:27 G:40 B:83

NCS S 0500-N
PANTONE11-4800 TPX
C:0 M:0 Y:1 K:1
R:254 G:253 B:253

NCS S 1020-Y
PANTONE12-0713 TPX
C:17 M:15 Y:62 K:0
R:228 G:215 B:117

NCS S 2040-R80B
PANTONE16-4132 TPX
C:57 M:45 Y:22 K:0
R:128 G:138 B:171

NCS S 1510-Y50R
PANTONE13-1015 TPX
C:16 M:25 Y:49 K:0
R:225 G:197 B:141

烂漫、轻盈

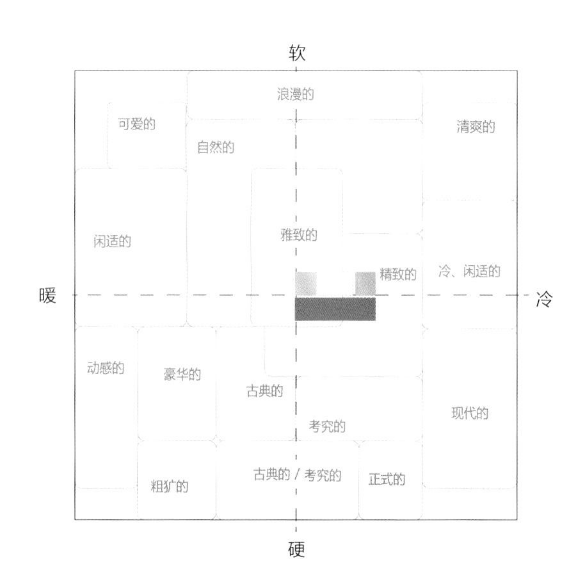

NCS S 0515-R80B
PANTONE13-4804 TPX
C:10 M:1 Y:0 K:10
R:219 G:230 B:236

NCS S 3000-N
PANTONE14-4203 TPX
C:0 M:1 Y:3 K:29
R:203 G:202 B:200

NCS S 2050-Y20R
PANTONE15-1050 TPX
C:31 M:46 Y:81 K:0
R:193 G:148 B:68

NCS S 1515-R40B
PANTONE15-1607 TPX
C:28 M:36 Y:38 K:0
R:196 G:169 B:151

典雅、温和

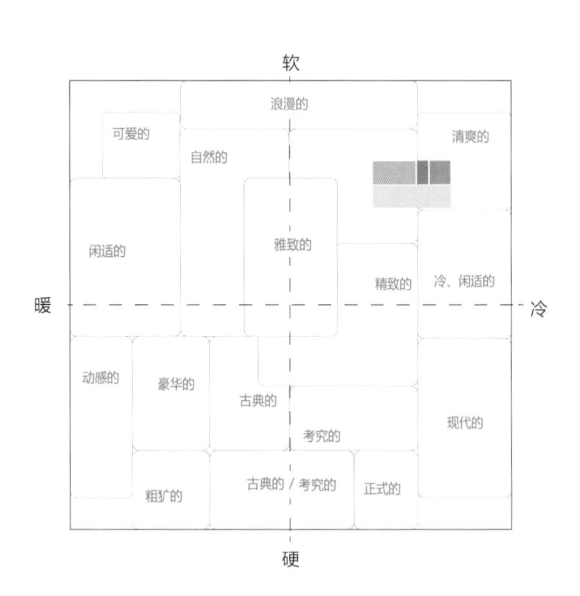

NCS S 0907-Y50R
PANTONE12-1108 TPX
C:0 M:8 Y:18 K:3
R:250 G:235 B:212

亲和、轻松

NCS S 2030-R60B
PANTONE17-1512 TPX
C:50 M:52 Y:43 K:0
R:148 G:127 B:130

NCS S 2020-B
PANTONE14-4313 TPX
C:42 M:18 Y:18 K:0
R:163 G:193 B:204

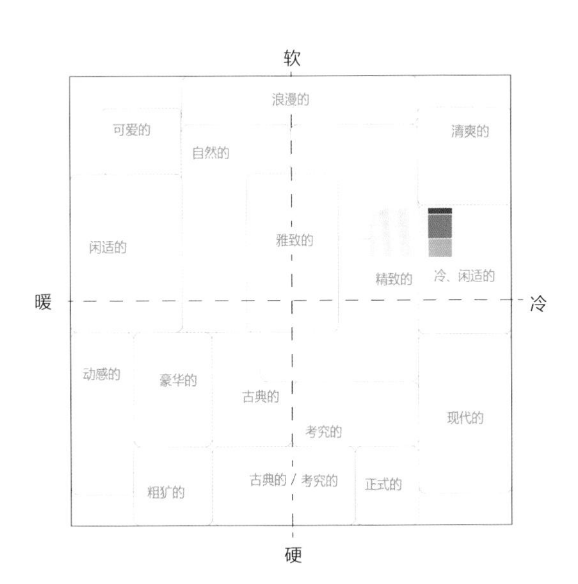

NCS S 6020-Y90B
PANTONE19-4035 TPX
C:85 M:70 Y:57 K:20
R:51 G:73 B:88

NCS S 1502-Y50R
PANTONE12-0404 TPX
C:0 M:4 Y:10 K:17
R:225 G:220 B:208

NCS S 4010-Y70R
PANTONE16-1412 TPX
C:40 M:37 Y:44 K:0
R:169 G:159 B:141

NCS S 2020-R70B
PANTONE17-5102 TPX
C:63 M:52 Y:49 K:0
R:115 G:119 B:120

NCS S 8010-R90B
PANTONE19-4010 TPX
C:84 M:75 Y:68 K:44
R:41 G:50 B:55

设计工作室：Terrat Elms Interiors Design

秩序、严谨

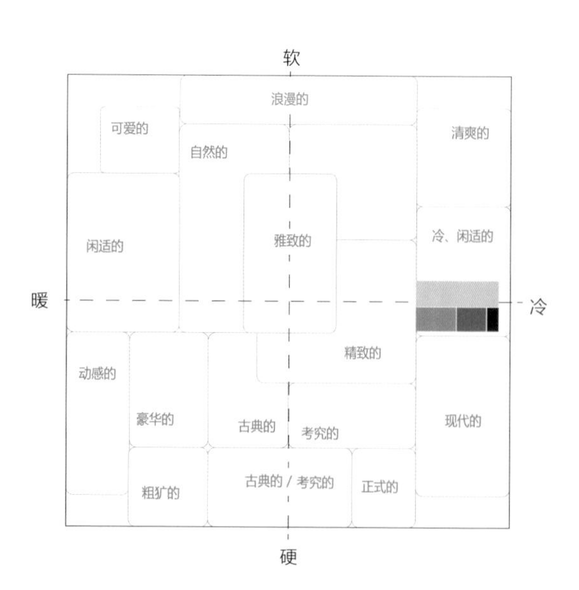

NCS S 3040-B30G
PANTONE16-4719 TPX
C:74 M:48 Y:57 K:2
R:80 G:119 B:112

NCS S 3050-R90B
PANTONE16-4201 TPX
C:81 M:63 Y:46 K:4
R:67 G:95 B:117

NCS S 4010-R30B
PANTONE16-1412 TPX
C:57 M:53 Y:54 K:1
R:130 G:121 B:112

NCS S 1502-Y50R
PANTONE12-0404 TPX
C:0 M:4 Y:10 K:17
R:225 G:220 B:208

放松、柔软

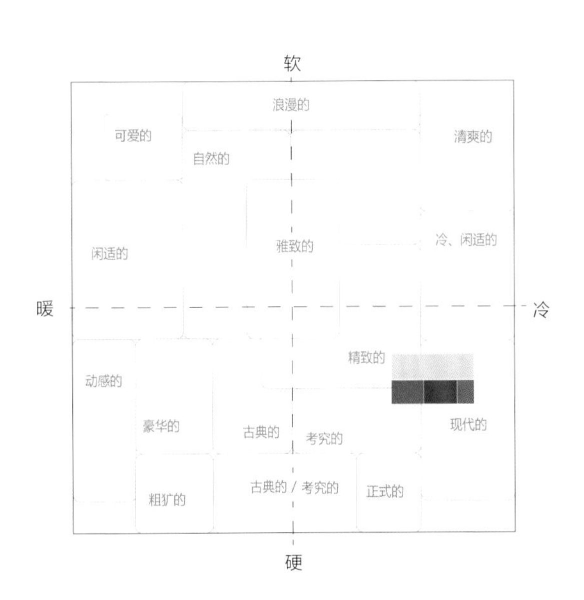

NCS S 0500-N
PANTONE11-4800 TPX
C:0 M:0 Y:1 K:1
R:254 G:253 B:253

NCS S 3005-R80B
PANTONE14-6408 TPX
C:46 M:35 Y:57 K:0
R:157 G:158 B:119

NCS S 1015-Y10R
PANTONE13-0922 TPX
C:23 M:22 Y:67 K:0
R:214 G:198 B:103

NCS S 4040-B
PANTONE17-4336 TPX
C:86 M:58 Y:49 K:4
R:40 G:100 B:117

温润、清新

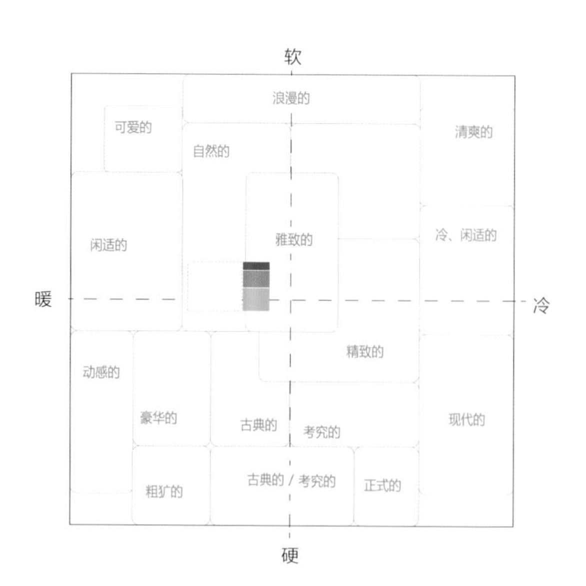

NCS S 1502-Y50R
PANTONE12-0404 TPX
C:0 M:4 Y:10 K:17
R:225 G:220 B:208

NCS S 1510-Y60R
PANTONE13-1405 TPX
C:4 M:17 Y:21 K:0
R:247 G:223 B:201

NCS S 1502-Y
PANTONE12-0605 TPX
C:16 M:13 Y:27 K:0
R:221 G:216 B:192

NCS S 0500-N
PANTONE11-4800 TPX
C:0 M:0 Y:1 K:1
R:254 G:253 B:253

娇柔、细腻

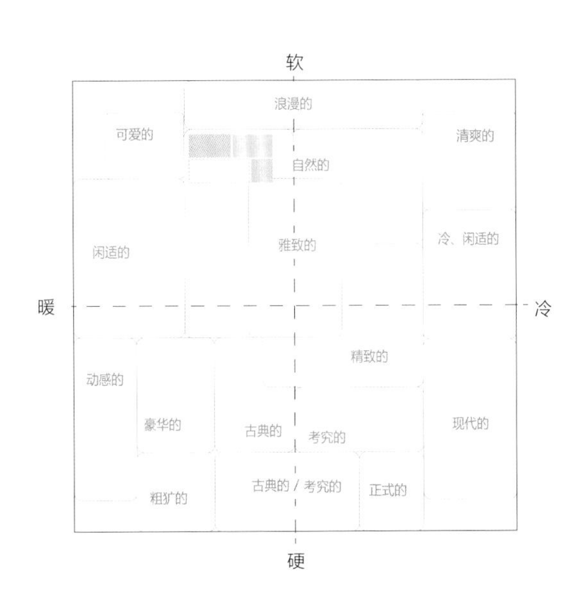

NCS S 3005-Y20R
PANTONE15-1305 TPX
C:38 M:29 Y:38 K:0
R:174 G:172 B:155

NCS S 2010-Y40R
PANTONE14-1213 TPX
C:24 M:27 Y:42 K:0
R:204 G:185 B:151

NCS S 2010-Y30R
PANTONE12-0000 TPX
C:22 M:23 Y:35 K:0
R:211 G:197 B:169

NCS S 0500-N
PANTONE11-4800 TPX
C:0 M:0 Y:1 K:1
R:254 G:253 B:253

心旷神怡

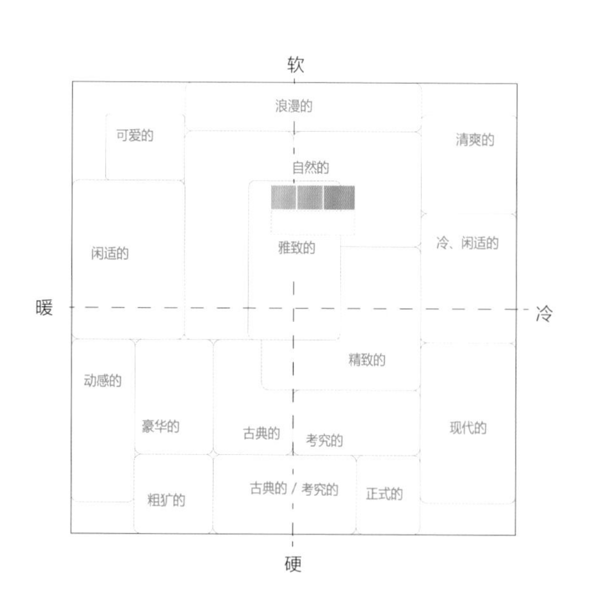

NCS S 1040-Y20R
PANTONE12-0826 TPX
C:2 M:19 Y:51 K:0
R:249 G:213 B:137

NCS S 3010-G80Y
PANTONE14-4505 TPX
C:30 M:16 Y:29 K:0
R:190 G:200 B:184

NCS S 1010-Y50R
PANTONE12-1206 TPX
C:0 M:8 Y:15 K:10
R:238 G:226 B:208

NCS S 0500-N
PANTONE11-4800 TPX
C:0 M:0 Y:1 K:1
R:254 G:253 B:253

通亮、清朗

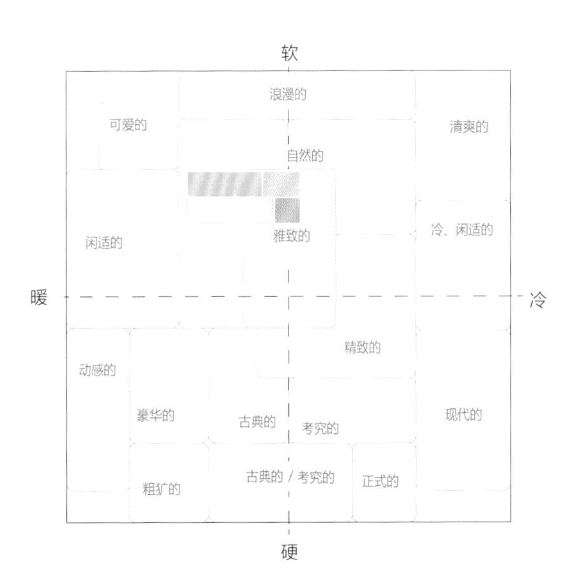

NCS S 7010-R50B
PANTONE18-1706 TPX
C:76 M:72 Y:67 K:34
R:65 G:61 B:63

NCS S 4010-R30B
PANTONE14-3805 TPX
C:58 M:53 Y:47 K:0
R:126 G:120 B:122

NCS S 3010-R
PANTONE15-1905 TPX
C:37 M:38Y:35 K:0
R:174 G:159 B:153

NCS S 0500-N
PANTONE11-4800 TPX
C:0 M:0 Y:1 K:1
R:254 G:253 B:253

返璞归真

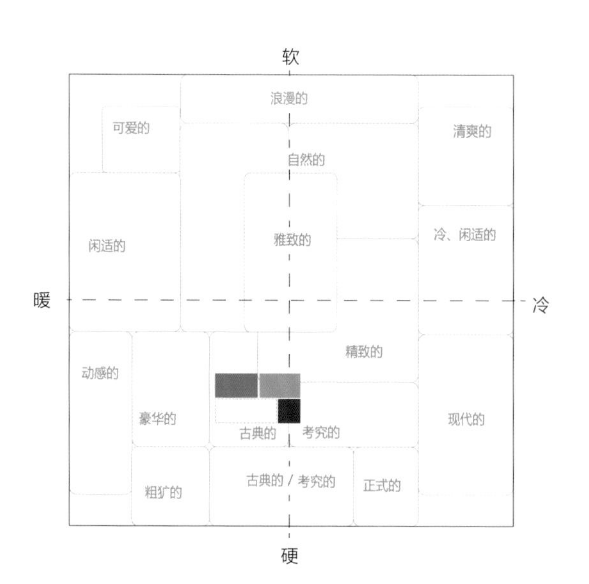

NCS S 5010-R70B
PANTONE18-3710 TPX
C:71 M:64 Y:56 K:11
R:91 G:90 B:95

NCS S 4002-R
PANTONE16-3802 TPX
C:51 M:45 Y:49 K:0
R:144 G:136 B:124

NCS S 1500-N
PANTONE13-4305 TPX
C:11 M:10 Y:9 K:0
R:231 G:230 B:229

NCS S 0500-N
PANTONE11-4800 TPX
C:0 M:0 Y:1 K:1
R:254 G:253 B:253

安宁、笃定

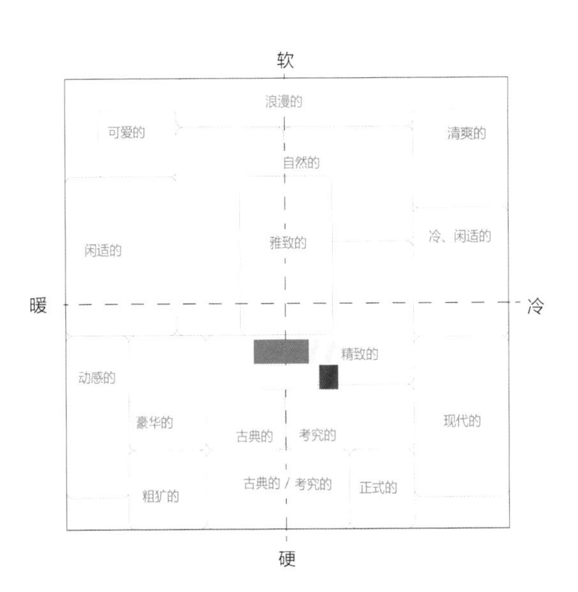

NCS S 5020-Y50R
PANTONE17-1422 TPX
C:58 M:62 Y:77 K:13
R: 119 G:96 B:18

NCS S 1502-Y50R
PANTONE12-0404 TPX
C:0 M:4 Y:10 K:17
R:225 G:220 B:208

NCS S 3000-N
PANTONE14-4203 TPX
C:24 M:19 Y:19 K:0
R:203 G:202 B:200

NCS S 0500-N
PANTONE11-4800 TPX
C:0 M:0 Y:1 K:1
R:254 G:253 B:253

寡欲、淡泊

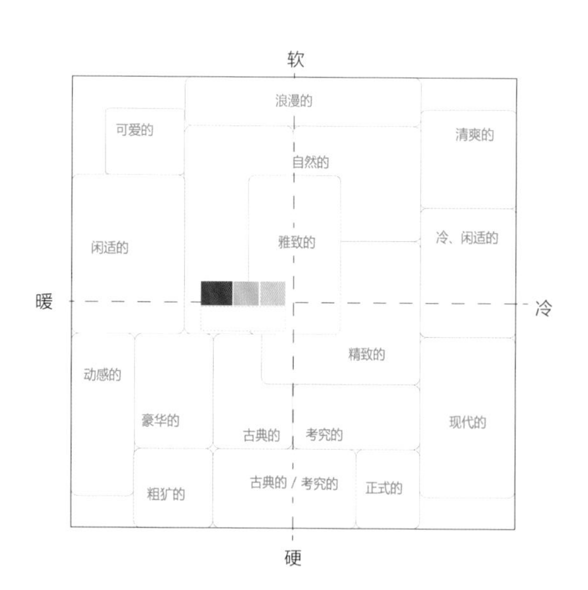

NCS S 7010-R50B
PANTONE18-3905 TPX
C:79 M:74 Y:71 K:44
R:51 G:51 B:51

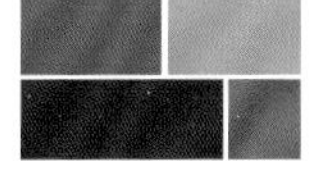

魅力、匠心

NCS S 5010-R30B
PANTONE17-3802 TPX
C:68 M:62 Y:61 K:12
R:96 G:92 B:89

NCS S 2010-R6B
PANTONE14-3903 TPX
C:44 M:36 Y:34 K:0
R:157 G:156 B:157

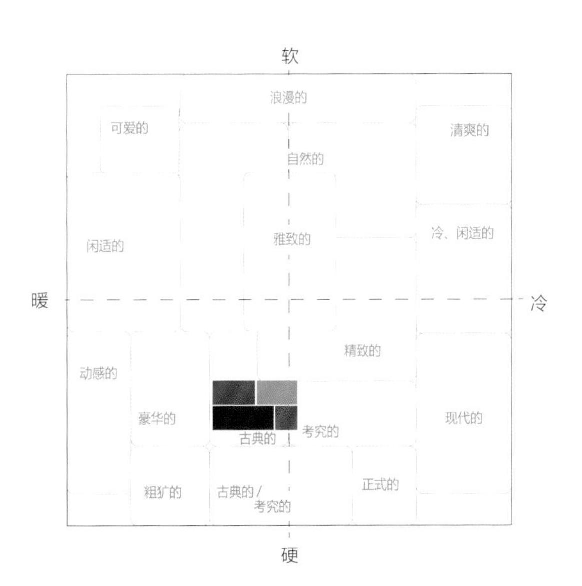

NCS S 2050--Y50R
PANTONE16-1346 TPX
C:38 M:74 Y:89 K:2
R:176 G:92 B:49

NCS S 9000-N
PANTONE19-4007 TPX
C:83 M:82 Y:89 K:72
R:24 G:18 B:11

NCS S 6020-R60B
PANTONE18-3918 TPX
C:85 M:77 Y:64 K:44
R:39 G:47 B:54

NCS S 4030-R60B
PANTONE18-3834 TPX
C:79 M:73 Y:41 K:3
R:77 G:79 B:113

NCS S 0580-Y90R
PANTONE17-1664 TPX
C:16 M:90 Y:81 K:0
R:208 G:57 B:50

别出心裁

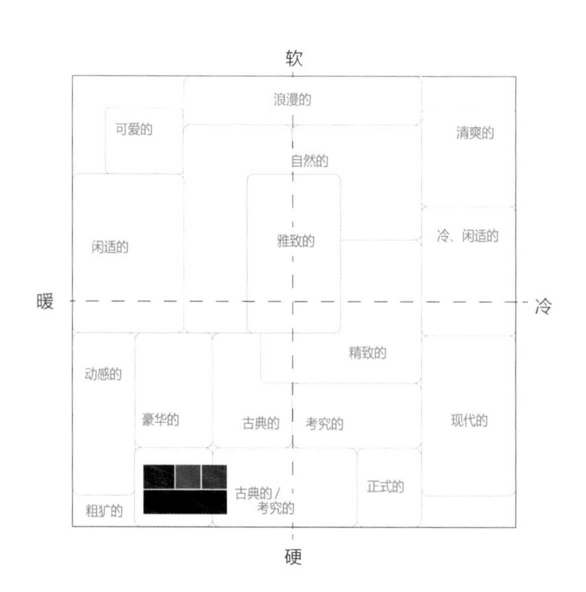

NCS S 9000-N
PANTONE19-4007 TPX
C:83 M:82 Y:89 K:72
R:24 G:18 B:11

NCS S 5005-R50B
PANTONE17-3906 TPX
C:5 M:7 Y:0 K:60
R:130 G:128 B:132

NCS S 5020-Y50R
PANTONE17-1422 TPX
C:58 M:62 Y:77 K:13
R: 119 G:96 B:18

NCS S 4040-R50B
PANTONE17-3619 TPX
C:76 M:80 Y:47 K:10
R:84 G:65 B:97

卓越、杰出

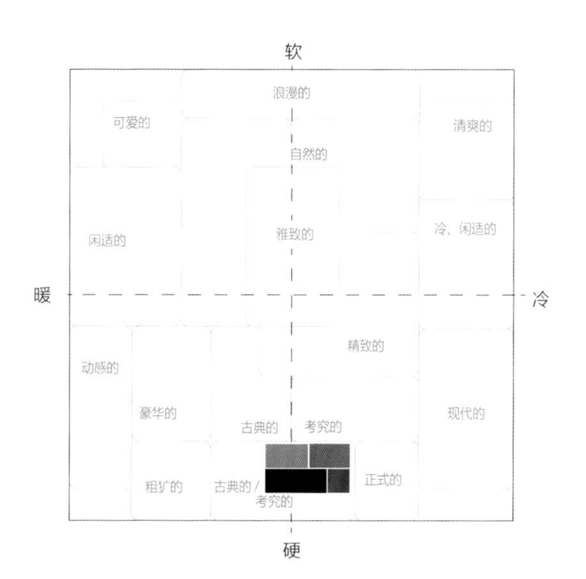

寻找你的色彩灵感

大自然是最杰出的调色师，艺术家是色彩审美的先行者，优秀的设计也可以成为色彩搭配的灵感来源。你所孜孜以求的色彩灵感就在你身边，你要做的只是练就一双慧眼去发现。

3.1 从绘画中汲取的色彩搭配方案

NCS S 1020-Y	NCS S 3050-Y10R	NCS S 3560-R	NCS S 8005-R50B
PANTONE12-0722 TPX	PANTONE16-0945 TPX	PANTONE19-1656 TPX	PANTONE19-4007 TPX
C:7 M:6 Y:51 K:0	C:36 M:49 Y:84 K:0	C:54 M:95 Y:94 K:40	C:86 M:85 Y:73 K:62
R:249 G:238 B:149	R:183 G:140 B:62	R:102 G:28 B:27	R:28 G:25 B:33

《嘉布遣会林荫大道》，法国，莫奈。俄罗斯莫斯科普希金美术馆藏

项目名称：上海家天下　设计公司：舍·无间室内设计工作室　设计师：杜冰

NCS S 0540-Y
PANTONE12-0824 TPX
C:11 M:13 Y:69 K:0
R:243 G:222 B:98

NCS S 2060-Y
PANTONE15-0751 TPX
C:30 M:42 Y:92 K:0
R:198 G:156 B:38

NCS S 3060-R80B
PANTONE18-4148 TPX
C:89 M:68 Y:18 K:0
R:33 G:88 B:155

NCS S 7020-R70B
PANTONE19-3925 TPX
C:100 M:100 Y:67 K:57
R:0 G:11 B:41

《夜间咖啡馆》，荷兰，梵高。
荷兰克罗勒·穆勒博物馆藏

设计师：Amanda nisbet

项目名称：赞成行家
设计公司：舍·无间室内设计工作室 设计师：杜冰

项目名称：赞成行家
设计公司：舍·无间室内设计工作室 设计师：杜冰

项目名称：赞成行家
设计公司：舍·无间室内设计工作室 设计师：杜冰

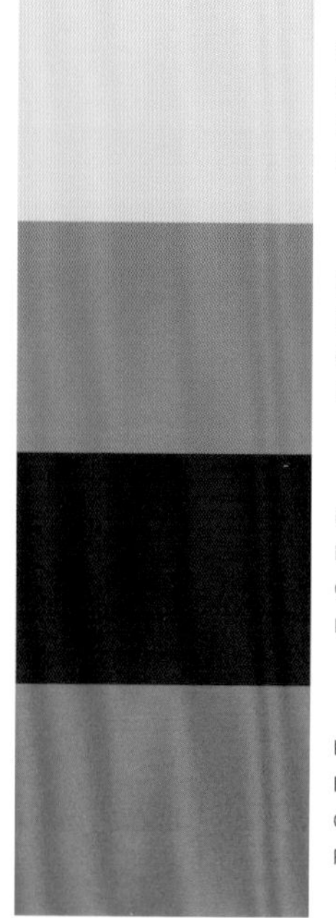

NCS S 1015-G40Y
PANTONE12-0109 TPX
C:19 M:1 Y:34 K:0
R:221 G:237 B:190

NCS S 4020-B10G
PANTONE16-4114 TPX
C:54 M:30 Y:40 K:0
R:135 G:155 B:150

NCS S 4055-R70B
PANTONE19-3952 TPX
C:100 M:92 Y:42 K:7
R:21 G:51 B:104

NCS S 1080-Y40R
PANTONE16-1255 TPX
C:10 M:69 Y:94 K:0
R:232 G:111 B:21

《日出 · 印象》局部，
法国，莫奈。法国巴黎马尔莫坦美术馆藏

摄影：elsabethphotograp

NCS S 3010-R60B
PANTONE19-3910 TPX
C:43 M:35 Y:33 K:0
R:160 G:159 B:160

NCS S 5030-Y20R
PANTONE17-1036 TPX
C:54 M:60 Y:86 K:9
R:134 G:105 B:59

NCS S 2060-Y70R
PANTONE16-1441 TPX
C:36 M:80 Y:90 K:2
R:181 G:81 B:47

NCS S 8010-R70B
PANTONE19-3920 TPX
C:93 M:88 Y:68 K:56
R:17 G:27 B:42

《跨越阿尔卑斯山圣伯纳隘口的拿破仑》，
法国，雅克·路易·大卫

NCS S 3020-B30G	NCS S 2060-Y20R	NCS S 3060-Y80R	NCS S 8010-B90G
PANTONE15-5210 TPX	PANTONE15-1050 TPX	PANTONE18-1354 TPX	PANTONE19-4906 TPX
C:50 M:23 Y:30 K:0	C:29 M:53 Y:81 K:0	C:46 M:84 Y:93 K:14	C:84 M:65 Y:78 K:40
R:143 G:177 B:178	R:192 G:134 B:63	R:142 G:63 B:41	R:39 G:62 B:52

《维纳斯的诞生》，意大利，波提切利。佛罗伦萨乌菲齐美术馆藏

设计工作室：Smith&Vansant Architects PC

NCS S 2020-R40B
PANTONE15-3508 TPX
C:23 M:33 Y:27 K:0
R:206 G:179 B:174

NCS S 3010-R20B
PANTONE16-3205 TPX
C:47 M:47 Y:46 K:0
R:153 G:137 B:129

NCS S 6030-G70Y
PANTONE18-0426 TPX
C:66 M:59 Y:77 K:16
R:100 G:96 B:70

NCS S 7010-Y70R
PANTONE19-1020 TPX
C:67 M:67 Y:78 K:30
R:86 G:73 B:56

《舞台上的舞女》，法国，德加。法国巴黎奥赛博物馆藏

NCS S 0530-Y80R
PANTONE14-1419 TPX
C:25 M:57 Y:49 K:0
R:204 G:133 B:118

NCS S 0505-R90B
PANTONE12-4306 TPX
C:5 M:0 Y:0 K:0
R:245 G:250 B:254

NCS S 3040-G40Y
PANTONE17-0324 TPX
C:65 M:57 Y:87 K:16
R:102 G:98 B:58

NCS S 6020-Y40R
PANTONE18-1033 TPX
C:65 M:70 Y:86 K:36
R:86 G:66 B:44

《秋千》，法国，弗拉戈纳尔。伦敦华莱士陈列馆藏

NCS S 2010-Y60R	NCS S 0510-Y90R	NCS S 3020-Y40R	NCS S 2005-Y50R
PANTONE15-1309 TPX	PANTONE12-2103 TPX	PANTONE15-1314 TPX	PANTONE14-0000 TPX
C:26 M:26 Y:33 K:0	C:14 M:22 Y:21 K:0	C:36 M:43 Y:52 K:0	C:0 M:10 Y:15 K:20
R:201 G:183 B:167	R:226 G:206 B197	R:180 G:151 B:145	R:218 G:205 B:190

《静物》，意大利，乔治·莫兰迪

NCS S 0520-Y10R	NCS S 2060-Y70R	NCS S 6020-R80B	NCS S 6020-B70G
PANTONE12-0806 TPX	PANTONE17-1540 TPX	PANTONE19-3919 TPX	PANTONE18-5418 TPX
C:16 M:14 Y:47 K:0	C:40 M:74 Y:82 K:3	C:84 M:74 Y:65 K:38	C:84 M:61 Y:80 K:31
R:228 G:218 B:152	R:166 G:88 B:58	R:44 G:55 B:62	R:43 G:74 B:58

《大碗岛的星期天下午》，法国，修拉

NCS S 3040-Y	NCS S 1020-Y80R	NCS S 1080-Y80R	NCS S 7502-R
PANTONE16-0847 TPX	PANTONE12-1207 TPX	PANTONE17-1562 TPX	PANTONE19-3905 TPX
C:44 M:48 Y:90 K:0	C:22 M:40 Y:45 K:0	C:40 M:86 Y:100 K:5	C:76 M:72 Y:76 K:46
R:160 G:133 B:55	R:204 G:163 B:135	R:162 G:64 B:35	R:55 G:52 B:46

《瓷国公主》局部，美国，詹姆斯·惠斯勒

NCS S 4550-R70B
PANTONE19-3864 TPX
C:100 M:100 Y:63 K:36
R:0 G:11 B:68

NCS S 3050-R80R
PANTONE18-4043 TPX
C:90 M:74 Y:41 K:0
R:41 G:77 B:116

NCS S 0520-Y20R
PANTONE13-0917 TPX
C:18 M:29 Y:51 K:19
R:221 G:189 B:133

NCS S 0502-Y50R
PANTONE11-0604 TPX
C:0 M:2 Y:10 K:0
R:255 G:251 B:236

《神奈川冲浪图》，日本，葛饰北斋

3.2 大自然教给你的色彩搭配方案

NCS S 1020-B10G
PANTONE14-4809 TPX
C:34 M:0 Y:16 K:0
R:179 G:221 B:220

NCS S 2020-R50B
PANTONE15-3817 TPX
C:33 M:35 Y:4 K:0
R:181 G:167 B:203

NCS S 1050-G40Y
PANTONE14-0244 TPX
C:43 M:18 Y:86 K:0
R:170 G:188 B:64

NCS S 2060-R20B
PANTONE17-2036 TPX
C:34 M:86 Y:42 K:0
R:177 G:64 B:102

项目名称：上海家天下
设计公司：舍·无间室内设计工作室 设计师：杜冰

项目名称：上海家天下
设计公司：舍·无间室内设计工作室 设计师：杜冰

项目名称：上海家天下
设计公司：舍·无间室内设计工作室 设计师：杜冰

NCS S 1015-R80B
PANTONE13-4103 TPX
C:14 M:4 Y:4 K:0
R:226 G:238 B:244

NCS S 1030-R90B
PANTONE14-4313 TPX
C:34 M:9 Y:6 K:0
R:180 G:215 B:237

NCS S 2040-Y10R
PANTONE14-1036 TPX
C:26 M:39 Y:73 K:0
R:205 G:165 B:85

NCS S 3040-Y20R
PANTONE16-1139 TPX
C:36 M:54 Y:83 K:0
R:183 G:131 B:63

设计公司：尚舍一屋 设计师：苏醒

NCS S 4550-R70B
PANTONE19-3864 TPX
C:100 M:100 Y:63 K:36
R:0 G:11 B:68

NCS S 4550-Y90R
PANTONE19-1629 TPX
C:63 M:91 Y:87 K:58
R:67 G:22 B:22

NCS S 1000-N
PANTONE12-4306 TPX
C:0 M:0 Y:2 K:6
R:245 G:245 B:243

NCS S 4030-Y70R
PANTONE18-1235 TPX
C:59 M:71 Y:77 K:24
R:110 G:76 B:59

NCS S 6030-R80B	NCS S 2050-R90B	NCS S 1000-N	NCS S 5030-G90Y
PANTONE19-4050 TPX	PANTONE16-4427 TPX	PANTONE12-4306 TPX	PANTONE17-2036 TPX
C:100 M:90Y:51 K:20	C:65 M:18 Y:27 K:0	C:0 M:0 Y:2 K:6	C:66 M:56 Y:94 K:15
R:16 G:48 B:86	R:89 G:174 B:189	R:245 G:245 B:243	R:101 G:102 B:51

NCS S 2002-Y50R	NCS S 7010-Y70R	NCS S 2030-R90B	NCS S 4040-B10G
PANTONE13-0002 TPX	PANTONE19-1218 TPX	PANTONE15-4005 TPX	PANTONE18-4528 TPX
C:18 M:22 Y:26 K:0	C:65 M:74 Y:90 K:45	C:45 M:25 Y:23 K:0	C:84 M:54 Y:56 K:6
R:218 G:203 B:188	R:77 G:53 B:33	R:155 G:178 B:188	R:45 G:104 B:108

摄影：张昕婕

NCS S 2020-R80B
PANTONE14-4112 TPX
C:38 M:27 Y:16 K:0
R:173 G:179 B:198

NCS S 8500-N
PANTONE19-3908 TPX
C:80 M:75 Y:76 K:53
R:44 G:43 B:41

NCS S 2020-Y10R
PANTONE14-0721 TPX
C:32 M:31 Y:61 K:0
R:192 G:174 B:112

NCS S 5040-G90Y
PANTONE17-0836 TPX
C:67 M:63 Y:100 K:29
R:90 G:79 B:0

NCS S 0580-Y
PANTONE13-0758 TPX
C:5 M:20 Y:88 K:0
R:244 G:206 B:31

NCS S 4040-B
PANTONE18-4320 TPX
C:83 M:57 Y:51 K:4
R:52 G:99 B:111

NCS S 4050-Y80R
PANTONE18-1343 TPX
C:55 M:81 Y:100 K:35
R:104 G:53 B:26

NCS S 6030-R80B
PANTONE19-3939 TPX
C:96 M:85 Y:60 K:37
R:14 G:43 B:64

NCS S 8500-N	NCS S 0580-Y	NCS S 2040-R	NCS S 3560-G40Y
PANTONE14-1036 TPX	PANTONE13-0758 TPX	PANTONE17-2625 TPX	PANTONE16-0532 TPX
C:96 M:90 Y:76 K:68	C:5 M:20 Y:88 K:0	C:24 M:62 Y:11 K:0	C:69 M:49 Y:100 K:9
R:4 G:14 B:25	R:244 G:206 B:31	R:207 G:126 B:171	R:97 G:114 B:25

摄影：张昕婕

NCS S 2502-B	NCS S 8502-R	NCS S 1020-Y60R	NCS S 5040-Y50R
PANTONE14-4503 TPX	PANTONE19-0915 TPX	PANTONE13-0947 TPX	PANTONE18-1142 TPX
C:4 M:0 Y:0 K:35	C:76 M:74 Y:75 K:49	C:24 M:49 Y:94 K:0	C:52 M:76 Y:100 K:22
R:185 G:189 B:191	R:54 G:48 B:45	R:209 G:149 B:31	R:126 G:71 B:31

摄影：张昕婕

NCS S 1515-B20G	NCS S 2020-G20Y	NCS S 2030-Y	NCS S 7020-B90G
PANTONE12-4607 TPX	PANTONE14-6316 TPX	PANTONE14-0826 TPX	PANTONE19-5414 TPX
C:38 M:15 Y:33 K:0	C:42 M:13 Y:55 K:0	C:33 M:32 Y:78 K:0	C:84 M:61 Y:87 K:36
R:172 G:198 B:179	R:168 G:197 B:136	R:192 G:172 B:76	R:38 G:72 B:49

NCS S 3050-B20G	NCS S 1040-B80G	NCS S 2020-Y30R	NCS S 8505-R20B
PANTONE17-4728 TPX	PANTONE14-5714 TPX	PANTONE13-1015 TPX	PANTONE19-3903 TPX
C:79 M:41 Y:38 K:0	C:49 M:0 Y:37 K:0	C:26 M:35 Y:50 K:0	C:77 M:75 Y:75 K:51
R:51 G:131 B:150	R:141 G:216 B:187	R:202 G:172 B:132	R:51 G:45 B:43

设计公司：Mendelson Group 摄影师：Eric Plasecki

NCS S 0603-Y60R
PANTONE11-0604 TPX
C:3 M:4 Y:14 K:0
R:252 G:247 B:228

NCS S 1515-Y40R
PANTONE13-1011 TPX
C:11 M:26 Y:48 K:0
R:235 G:199 B:141

NCS S 3020-G60Y
PANTONE14-0418 TPX
C:34 M:27 Y:62 K:0
R:188 G:181 B:114

NCS S 4040-Y80R
PANTONE18-1343 TPX
C:38 M:68 Y:66 K:0
R:177 G:104 B:84

NCS S 0510-R80B
PANTONE12-4609 TPX
C:17 M:4 Y:7 K:0
R:220 G:236 B:239

NCS S 1515-Y50R
PANTONE12-1011 TPX
C:14 M:32 Y:45 K:0
R:228 G:187 B:144

NCS S 7020-G
PANTONE18-5616 TPX
C:81 M:60 Y:89 K:34
R:49 G:75 B:48

NCS S 2040-R60B
PANTONE16-3823 TPX
C:42 M:50 Y:11 K:0
R:168 G:139 B:183

NCS S 1015-R
PANTONE13-1408 TPX
C:3 M:19 Y:8 K:0
R:248 G:221 B:223

NCS S 2030-Y50R
PANTONE14-1230 TPX
C:0 M:48 Y:61 K:0
R:254 G:164 B:99

NCS S 0530-R90B
PANTONE14-4313 TPX
C:40 M:11 Y:13 K:0
R:166 G:205 B:221

NCS S 8010-Y90R
PANTONE19-1518 TPX
C:69 M:78 Y:83 K:53
R:63 G:42 B:33

NCS S 4010-R70B
PANTONE12-4609 TPX
C:56 M:47 Y:23 K:0
R:132 G:135 B:166

NCS S 0505-R90B
PANTONE12-4306 TPX
C:5 M:0 Y:0 K:0
R:245 G:250 B:254

NCS S 6530-G10Y
PANTONE18-5616 TPX
C:89 M:66 Y:100 K:55
R:11 G:49 B:13

NCS S 1050-Y70R
PANTONE15-1340 TPX
C:22 M:63 Y:67 K:0
R: 209 G:121 B:84

3.3 生活中的色彩搭配方案

NCS S 8010-Y50R
PANTONE19-1213 TPX
C:56 M:70 Y:74 K:16
R:124 G:83 B:67

NCS S 4030-Y30R
PANTONE16-1336 TPX
C:18 M:34 Y:62 K:0
R:221 G:180 B:108

NCS S 6020-Y30R
PANTONE18-1033 TPX
C:46 M:54 Y:70 K:0
R:160 G:126 B:87

NCS S 3010-Y70R
PANTONE16-1509 TPX
C:21 M:30 Y:36 K:0
R:221 G:186 B:162

摄影：张昕婕

设计公司：Morehouse MacDonald&Associates,Inc.Architects

设计公司：New Design Porte

NCS S 4005-G80Y
PANTONE13-4809 TPX
C:30 M:26Y:43 K:0
R:194 G:185 B:151

NCS S 1002-Y50R
PANTONE13-0002 TPX
C:0 M:3 Y:10 K:7
R:244 G:237 B:225

NCS S 2050-Y
PANTONE14-0740 TPX
C:29 M:37 Y:84 K:0
R:201 G:166 B:59

NCS S 9000-N
PANTONE19-5708 TPX
C:87 M:85 Y:82 K:73
R:16 G:13 B:15

摄影：张昕婕

NCS S 2020-B	NCS S 5010-R30B	NCS S 8502-R	NCS S 5030-R
PANTONE14-4313 TPX	PANTONE17-1605 TPX	PANTONE19-1111 TPX	PANTONE19-1726 TPX
C:42 M:18 Y:18 K:0	C:48 M:49 Y:45 K:0	C:69 M:71 Y:63 K:22	C:51 M:88 Y:68 K:14
R:163 G:193 B:204	R:151 G:133 B:129	R:91 G:74 B:77	R:137 G:57 B:68

NCS S 1050-B	NCS S 1005-R20B	NCS S 3550-G10Y	NCS S 2050-Y50R
PANTONE16-4530 TPX	PANTONE15-3508 TPX	PANTONE16-6138 TPX	PANTONE16-1346 TPX
C:68 M:34 Y:13 K:0	C:21 M:23 Y:24 K:0	C:88 M:51 Y:100 K:17	C:38 M:74 Y:89 K:2
R:88 G:151 B:198	R:211 G:197 B:188	R:18 G:99 B:47	R:176 G:92 B:49

摄影：张昕婕

NCS S 0500-N
PANTONE11-0601 TPX
C:6 M:4 Y:4 K:0
R:242 G:244 B:244

NCS S 1020-R90B
PANTONE15-4105 TPX
C:25 M:8 Y:0 K:0
R:190 G:220 B:242

NCS S 6502-R
PANTONE17-1500 TPX
C:64 M:61 Y:69 K:13
R:107 G:96 B:79

NCS S 7020-G10Y
PANTONE19-0415 TPX
C:83 M:67 Y:94 K:52
R:36 G:51 B:29

摄影：张昕建

NCS S 1005-Y80R
PANTONE13-4103 TPX
C19: M:27 Y:30 K:0
R:216 G:193 B:175

NCS S 3020-Y30R
PANTONE16-1334 TPX
C:31 M:41 Y:58 K:0
R:191 G:157 B:113

NCS S 1580-Y90R
PANTONE18-1664 TPX
C:41 M:100 Y:100 K:6
R:170 G:2 B:3

NCS S 5000-N
PANTONE17-1501 TPX
C:62 M:56 Y:58 K:3
R:117 G:112 B:104

摄影：张昕婕

NCS S 2050-B10G
PANTONE14-1036 TPX
C:72 M:28 Y:38 K:0
R:71 G:154 B:161

NCS S 2040-G50Y
PANTONE15-0332 TPX
C:41 M:17 Y:73 K:0
R:173 G:191 B:96

NCS S 3000-N
PANTONE15-4203 TPX
C:0 M:1 Y:3 K:29
R:203 G:202 B:200

NCS S 7010-R90B
PANTONE18-3910 TPX
C:80 M:69 Y:66 K:31
R:57 G:67 B:69

NCS S 2050-Y90R
PANTONE13-4103 TPX
C:52 M:78 Y:79 K:20
R:128 G:70 B:56

NCS S 1030-Y30R
PANTONE14-4313 TPX
C:17 M:34 Y:61 K:0
R:224 G:180 B:110

NCS S 2050-B10G
PANTONE14-1036 TPX
C:72 M:28 Y:38 K:0
R:71 G:154 B:161

NCS S 5010-G90Y
PANTONE16-1139 TPX
C:64 M:55 Y:64 K:6
R:111 G:111 B:94

NCS S 3000-N
PANTONE14-4203 TPX
C:20 M:19Y:15 K:0
R:212 G:205 B:207

NCS S 3040-Y20R
PANTONE17-1047 TPX
C:52 M:61 Y:95 K:9
R:140 G:104 B:46

NCS S 1070-Y10R
PANTONE14-0755 TPX
C:19 M:23 Y:93 K:0
R:226 G:197 B:0

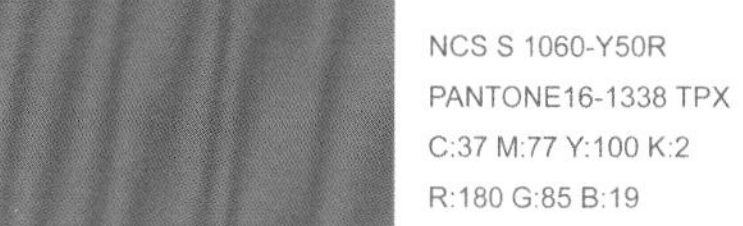

NCS S 1060-Y50R
PANTONE16-1338 TPX
C:37 M:77 Y:100 K:2
R:180 G:85 B:19

NCS S 7020-R90B
PANTONE19-4027 TPX
C:82 M:71 Y:67 K:36
R:50 G:60 B:63

NCS S 5020-R50B
PANTONE18-3513 TPX
C:67 M:69 Y:56 K:11
R:102 G:84 B:94

NCS S 3040-G80Y
PANTONE15-0636 TPX
C:49 M:38 Y:94 K:0
R:155 G:150 B:47

NCS S 2002-G
PANTONE14-4103 TPX
C:27 M:16 Y:33 K:0
R:206 G:201 B:179

NCS S 7005-B80G
PANTONE18-5105 TPX
C:76 M:66 Y:79 K:39
R:60 G:65 B:61

NCS S 0500-N
PANTONE11-0601 TPX
C:6 M:4 Y:4 K:0
R:242 G:244 B:244

NCS S 1020-Y10R
PANTONE13-0915 TPX
C:14 M:20 Y:50 K:0
R:231 G:208 B:145

NCS S 5020-Y80R
PANTONE18-1320 TPX
C:55 M:63 Y:66 K:7
R:132 G:101 B:85

NCS S 2010-R40B	NCS S 4010-G10Y	NCS S 4030-B	NCS S 1060-Y70R
PANTONE14-3903 TPX	PANTONE14-6312 TPX	PANTONE17-4123 TPX	PANTONE16-1442 TPX
C:17 M:27 Y:18 K:0	C:50 M:34 Y:53 K:0	C:72 M:48 Y:45 K:0	C:22 M:76 Y:79 K:0
R:218 G:194 B:196	R:146 G:157 B:128	R:88 G:122 B:132	R:209 G:93 B:59

NCS S 2502-B
PANTONE14-4103 TPX
C:21 M:23 Y:22 K:0
R:210 G:197 B:191

NCS S 2030-G20Y
PANTONE15-6317 TPX
C:41 M:18 Y:53 K:0
R:169 G:189 B:138

NCS S 5040-G20Y
PANTONE17-6333 TPX
C:71 M:50 Y:83 K:9
R:91 G:112 B:70

NCS S 2030-R10B
PANTONE14-2305 TPX
C:17 M:51 Y:35 K:0
R:220 G:149 B:145

NCS S 3005-Y50R
PANTONE15-4503 TPX
C:0 M:10 Y:20 K:40
R:179 G:167 B:149

NCS S 5030-Y20R
PANTONE17-1036 TPX
C:54 M:60 Y:86 K:9
R:134 G:105 B:59

NCS S 7020-Y60R
PANTONE19-1230 TPX
C:63 M:80 Y:88 K:49
R:76 G:42 B:29

NCS S 9000-N
PANTONE19-4006 TPX
C:87 M:85 Y:82 K:73
R:16 G:13 B:15

设计公司：Herlong&Associates Architects+interiors

NCS S 0580-Y60R
PANTONE16-1462 TPX
C:26 M:82 Y:100 K:0
R:192 G:76 B:29

NCS S 0585-Y20R
PANTONE14-0957 TPX
C:3 M:33 Y:84 K:0
R:243 G:183 B:50

NCS S 0603-Y80R
PANTONE12-1106 TPX
C:5 M:7 Y:8 K:0
R:245 G:239 B:234

NCS S 0515-R90B
PANTONE11-4601 TPX
C:9 M:4 Y:0 K:0
R:236 G:242 B:250

NCS S 3010-Y80R
PANTONE16-1703 TPX
C:26 M:33 Y:35 K:0
R:200 G:176 B:160

NCS S 3050-R40B
PANTONE18-3331 TPX
C:70 M:99 Y:31 K:0
R:112 G:37 B:114

NCS S 7005-R80B
PANTONE18-3910 TPX
C:25 M:10 Y:0 K:80
R:67 G:73 B:83

NCS S 9000-N
PANTONE19-4006 TPX
C:87 M:85 Y:82 K:73
R:16 G:13 B:15

NCS S 0510-B10G
PANTONE12-4607 TPX
C:21 M:6 Y:16 K:0
R:213 G:229 B:220

NCS S 1515-R
PANTONE12-1206 TPX
C:20 M:26 Y:24 K:0
R:213 G:193 B:185

NCS S 1060-Y80R
PANTONE17-1547 TPX
C:24 M:80 Y:80 K:0
R:206 G:84 B:56

NCS S 8505-R80B
PANTONE17-2036 TPX
C:83 M:85 Y:75 K:64
R:31 G:23 B:29

NCS S 4550-Y60R
PANTONE18-1346 TPX
C:55 M:78 Y:84 K:28
R:110 G:62 B:46

NCS S 2040-Y70R
PANTONE16-1338 TPX
C:28 M:60 Y:71 K:0
R:191 G:121 B:79

NCS S 0510-Y40R
PANTONE12-0704 TPX
C:6 M:18 Y:28 K:0
R:244 G:219 B:189

NCS S 4005-G20Y
PANTONE17-0610 TPX
C:52 M:41 Y:46 K:0
R:139 G:142 B:132

NCS S 4030-R	NCS S 1030-Y70R	NCS S 3502-B	NCS S 3050-R80R
PANTONE18-1314 TPX	PANTONE14-1224 TPX	PANTONE15-4101 TPX	PANTONE18-4043 TPX
C:56 M:67 Y:67 K:11	C:15 M:38 Y:50 K:0	C:36 M:29 Y:27 K:0	C:90 M:74 Y:41 K:0
R:127 G:90 B:78	R:220 G:170 B:127	R:175 G:175 B:175	R:41 G:77 B:116

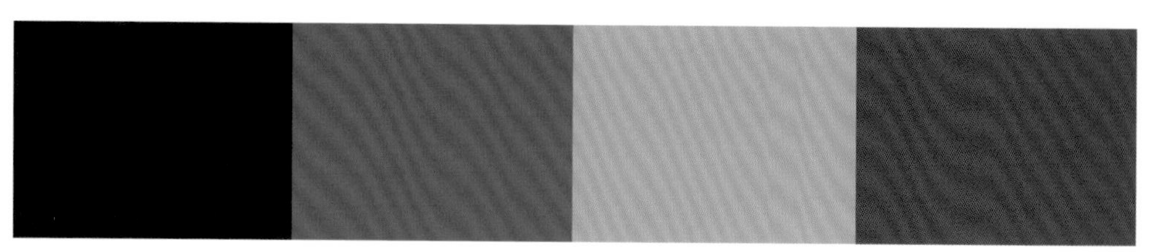

NCS S 8010-R90B	NCS S 3050-B	NCS S 3502-B	NCS S 5030-Y80R
PANTONE19-3925 TPX	PANTONE17-4336 TPX	PANTONE15-4101 TPX	PANTONE18-1433 TPX
C:94 M:81 Y:74 K:60	C:90 M:59 Y:37 K:0	C:36 M:29 Y:27 K:0	C:58 M:70 Y:79 K:22
R:6 G:29 B:35	R:3 G:97 B:131	R:175 G:175 B:175	R:112 G:77 B:57

NCS S 9000-N
PANTONE19-4007 TPX
C:83 M:82 Y:89 K:72
R:24 G:18 B:11

NCS S 3040-Y30R
PANTONE16-1054 TPX
C:38 M:58 Y:89 K:0
R:172 G:119 B:52

NCS S 1015-Y50R
PANTONE12-0813 TPX
C:14 M:23 Y:45 K:0
R:225 G:199 B:148

NCS S 2005-Y20R
PANTONE12-0105 TPX
C:27 M:23 Y:37 K:0
R:197 G:190 B:162

色彩与风格

潮流易逝，风格永存

——可可·香奈儿

在室内环境中，通过色彩组合所营造出的氛围，基本上就已经能够确定风格的基调。而对时下流行“风格”的认知偏差，往往成为设计师与业主之间沟通的障碍。本章将对当下流行的风格做概括性的溯源，总结各种风格的典型色彩搭配特征，便于读者在实践时更灵活地操作。

4.1 色彩塑造风格

对室内风格的定义，似乎总是没有特别清晰的概念，如果我们将家居设计看成时尚的表达，那么正如时尚（服装）风格一样，只要能够表现出鲜明的审美特征，并且让人们接受这种审美，那么“风格”就成立了。如果情感表达是审美的要素，那么色彩对于情感表达则具有决定性的作用。通过“色彩语言形象坐标”，我们认识到空间的不同氛围和情绪由不同的色彩组合来决定，所以说“色彩塑造风格”也不为过。

室内风格主要体现在地面、墙面、天花的处理方式和家具、灯具、配饰的款式，但色彩往往能够突破固有风格，重塑空间。

4.2 流行风格溯源及色彩体系

构成风格的主要元素除色彩之外，主要体现在家具的款式、墙纸布艺的图案以及室内的装饰线上。而当下的流行风格几乎都源自以下几种风格：巴洛克风格、洛可可风格、新古典主义风格、装饰艺术风格（ART DECO）、现代主义风格。

4.2.1 巴洛克风格

巴洛克风格流行于 17—18 世纪欧洲的宗教建筑和宫廷中。在巴洛克风格中，无论是建筑外立面还是建筑室内结构，都体现为大量的曲面。巴洛克风格的建筑内部，更是充斥着宏大夸张的曲线，贴金镶银和大理石的运用是巴洛克时期建筑室内的主要装饰手段，因此，巴洛克式的室内装饰成为一种极富男性化的富丽堂皇的代表，体现出一种宏大叙事的“豪门”风尚。

巴洛克风格色彩体系

金色、银色、大红色、皇室蓝是巴洛克风格中最常见的颜色组合，这样的颜色组合也最能体现奢华之风，如果想营造更奢华的氛围，可以加入华丽的紫色做搭配。在当代的巴洛克风格室内设计中，为了符合现代人的审美，往往以更加简约的色彩呈现。金色、淡雅的紫色、柔和的蓝灰色与浅棕色调，结合巴洛克式的家具，奢华且柔美的气氛便不难呈现。

设计公司：Eagle Luxury Properties

NCS S 0510-Y40R
PANTONE12-0704 TPX
C:6 M:18 Y:28 K:0
R:244 G:219 B:189

NCS S 2502-R
PANTONE14-4002 TPX
C:0 M:5 Y:5 K:27
R:206 G:200 B:197

NCS S 0515-B
无
C:17 M:3 Y:5 K:0
R:220 G:237 B:244

NCS S 3010-Y30R
PANTONE15-1215 TPX
C:26 M:31 Y:45 K:0
R:201 G:180 B:144

4.2.2 洛可可风格

洛可可风格可以说是“女性化的巴洛克风格”。18 世纪气势雄伟的巴洛克风格逐渐被华丽纤巧的洛可可风格取代，洛可可风格是对巴洛克风格的延续和反叛，是一种非理性的设计，洛可可式家具精致而偏于繁琐，将巴洛克的奢华推向极端，吸收并夸大了曲面多变的流动感，以复杂的波浪曲线模仿贝壳、岩石的外形，添加了巴洛克所没有的如女性般的柔美，有意地追求超越自然的、矫揉造作的和经过诗意化掩饰的东西，强调使用的轻便与舒适，正是这种“创造性的破坏”形成了具有浓厚浪漫主义色彩的新风格。

洛可可风格色彩体系

巴洛克风格中的大红与皇室蓝到了洛可可时期变成了粉蓝和粉红，金色和银色依然是洛可可风格的关键颜色。洛可可的纤细柔和，最适合由粉嫩的颜色组合而成。

NCS S 1020-Y70R
PANTONE13-1405 TPX
C:10 M:27 Y:25 K:10
R:235 G:199 B:185

NCS S 0515-R60B
PANTONE14-3911 TPX
C:16 M:22 Y:11 K:0
R:221 G:204 B:212

NCS S 1020-R90B
PANTONE15-4105 TPX
C:25 M:8 Y:0 K:0
R:190 G:220 B:242

NCS S 1015-Y50R
PANTONE12-0911 TPX
C:1 M:25 Y:29 K:0
R:252 G:210 B:181

4.2.3 新古典主义风格

新古典主义也是经常被提起的一种家居风格。真正的新古典主义出现于洛可可风格之后，18 世纪中叶意大利地区庞贝古城的考古发掘，为欧洲的宫廷带来一股追逐古希腊、古罗马风格的风潮，建筑、绘画、室内设计、服装服饰、生活方式等方方面面均受到古希腊古罗马的影响。

无论是绘画、建筑立面还是室内设计，新古典主义最大的特点就是构图的稳定性和简洁感。新古典主义的室内往往会看到优雅的石膏线、古希腊古罗马式的家具、装饰性的柱式以及无彩色的人物雕像。

新古典风格色彩体系

亚当风格是新古典主义风格的杰出代表，色彩以浅蓝、浅绿与白色石膏线的搭配为主要特点，现在流行的美式风格，也有这类新古典主义的表现。新古典主义风格的室内装饰在构图上力求稳定和对称，色彩总是稳重而静谧。

设计公司：New Design Porte

NCS S 1502-Y50R
PANTONE12-0404 TPX
C:0 M:4 Y:10 K:17
R:225 G:220 B:208

NCS S 1515-B80G
PANTONE12-5406 TPX
C:23 M:4 Y:19 K:0
R:209 G:229 B:216

NCS S 1010-B80G
PANTONE13-4804 TPX
C:10 M:1 Y:0 K:10
R:219 G:230 B:236

NCS S 0500-N
PANTONE11-4800 TPX
C:0 M:0 Y:1 K:1
R:254 G:253 B:253

4.2.4 装饰艺术风格（ART DECO）

装饰艺术风格也是近年来被频繁提及的风格。装饰艺术风格风行于 20 世纪 20 年代，工业革命将欧洲带入机械复制时代，在经历了粗糙的量产复制和过于强调手工之美的“新艺术”风格之后，欧洲终于在两者这件找到了一条中间道路，这就是装饰艺术风格。

扇形、放射状、几何、人字纹，麦穗、金色与黑色的搭配，是装饰艺术风格的标志性符号。装饰艺术风格主张机械之美，因此在装饰艺术风格中你可以看到大量的直线、对称的几何图形，以及新材料的运用。

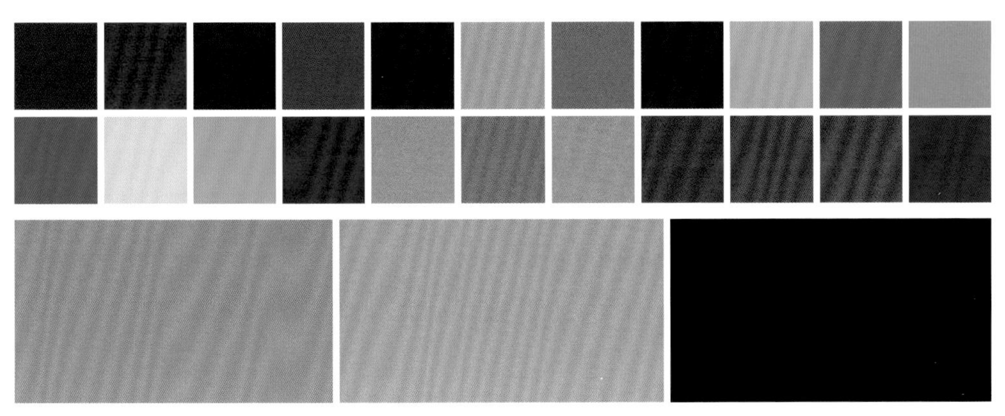

装饰艺术风格色彩体系

金色、银色与黑色的组合构成装饰艺术风格最主要的色彩特征。孔雀蓝、祖母绿以及其他蓝绿色相的颜色，也是装饰艺术风格中常见的颜色。在当代的装饰艺术风格作品中，金色、银色、黑色出现的频率还是相当高的。

Armani 家居 2016 新品

NCS S 2040-Y10R
PANTONE14-0936 TPX
C:27 M:36 Y:71 K:0
R:198 G:165 B:89

NCS S 3010-R40B
PANTONE14-3805 TPX
C:44 M:38 Y:37 K:0
R:159 G:153 B:150

NCS S 8505-R20B
PANTONE19-1102 TPX
C:87 M:85 Y:82 K:73
R:16 G:12 B:14

NCS S 2570-Y40R
PANTONE16-1448 TPX
C:45 M:73 Y:100 K:9
R:149 G:85 B:35

4.2.5 现代主义风格

现代主义风格可能是最具辨识度的风格了，现代主义风格以功能为主导，没有多余的装饰，建筑的立面往往是一个方盒子，而室内也没有过多的装饰线，表现出中性硬朗之感。

现代主义风格的室内色彩同样服从于这种简洁、中性和硬朗的特质，因此往往表现为以黑、白、灰为主的无彩色搭配，或直白的中高彩度颜色搭配。北欧风、无印良品（MUJI）风，都可以说是现代主义在不同区域和品牌中的延伸体现。

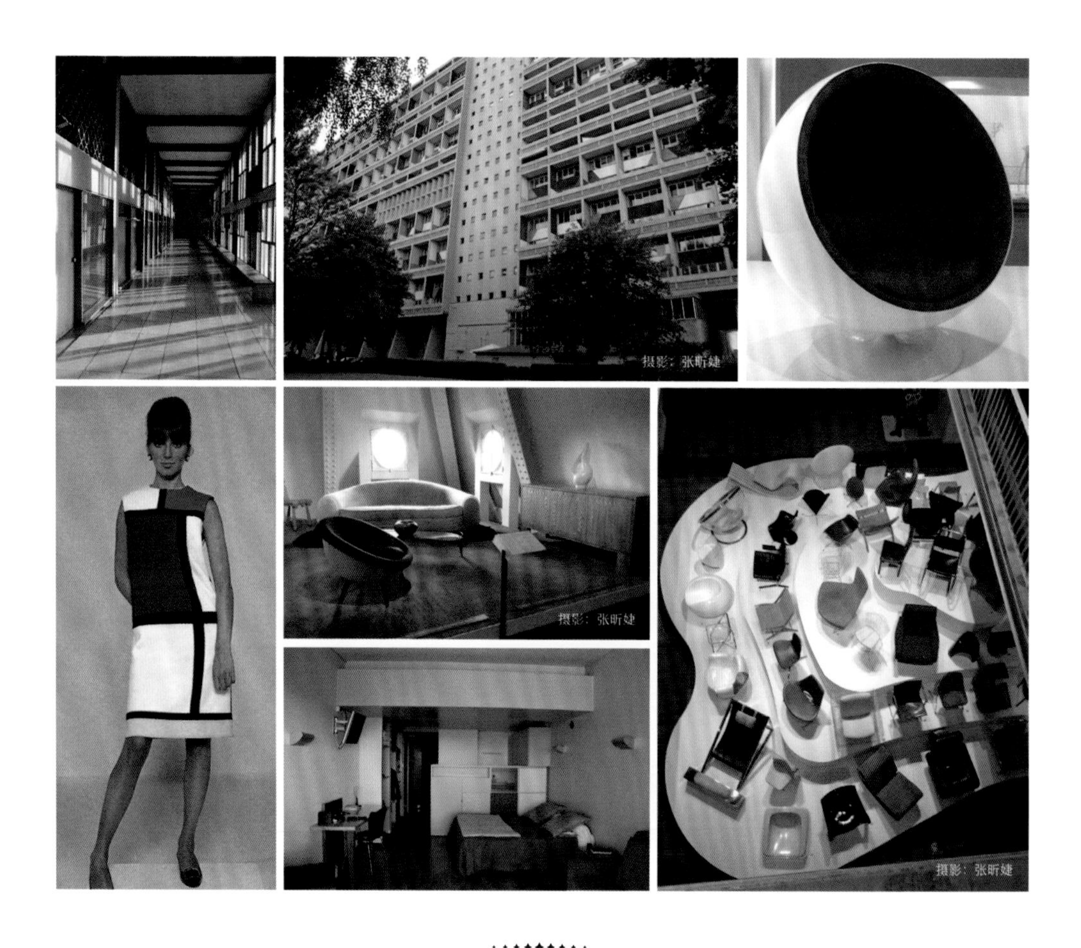
摄影：张昕婕

摄影：张昕婕

摄影：张昕婕

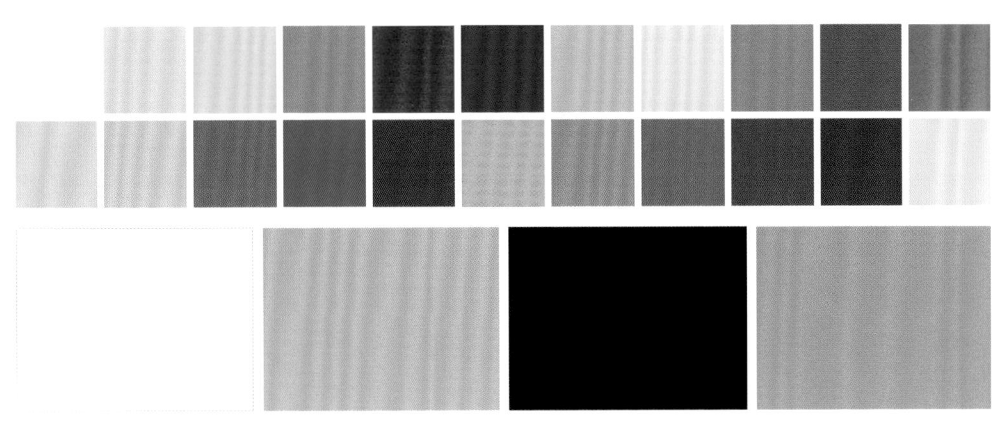

现代主义风格色彩体系

黑、白、灰无彩色系构成现代主义的主要色调，常常以略带一点色相的彩灰做搭配，浅木色也是现代主义风格中常见的色彩元素，鲜艳的红、橙、黄、绿等颜色往往作为点缀色出现。

摄影：Rikki Snyder

NCS S 0500-N
PANTONE11-4800 TPX
C:0 M:0 Y:1 K:1
R:254 G:253 B:253

NCS S 2002-R
PANTONE14-4002 TPX
C:0 M:5 Y:5 K:27
R:206 G:200 B:197

NCS S 8505-R20B
PANTONE19-1102 TPX
C:87 M:85 Y:82 K:73
R:16 G:12 B:14

NCS S 1510-Y50R
PANTONE13-1015 TPX
C:16 M:25 Y:49 K:0
R:225 G:197 B:141

4.2.6 日式风格、北欧风格、现代中式风格

图中所示分别为典型的北欧风格、日式风格以及现代中式风格。读者是不是感到难以区分呢？

在北欧风格与日式风格中都会应用到大量的浅木色、浅灰色，让人感觉难以区分。现代中式风格中经常应用的浅灰色调，也让人感到与日式风格难以区分。那么究竟如何通过细节营造不同风格的室内空间呢？

北欧风格

日式风格

现代中式风格

日式风格关键词：

绿植、借景、极简家具、浅木色、浅灰、空、禅意。

“禅意”是日式风格的最大特征。“禅意”在传统日式空间中通过“留白”与“借景”来体现。

在传统日式空间中，所有物品都被收纳隐藏起来，显露在外的往往是空空的和室，仅保留必要的几案、坐垫来提示空间的实用功能，这就是空间中的“留白”。传统日式空间也特别强调室内与室外自然环境的互动，将室外随四季变化的自然色彩“借入”室内，与朴素的室内色彩形成对比。

传统日式空间的“留白”以及与自然交流的诉求，在现代日式风格中都能够得到体现。典型的现代日式风格，往往采用极简主义的设计，在空间中也很少看到明显的橱柜，只保留必要的家具来体现空间的功能。直线是现代日式风格中唯一的形态特征。现代日式风格的室内也常常能够见到人造绿植景观，而这种小型绿植景观，依旧保持简洁素雅之美。

在色彩上，现代日式风格主要以浅木色、白色、清水混凝土色为主。

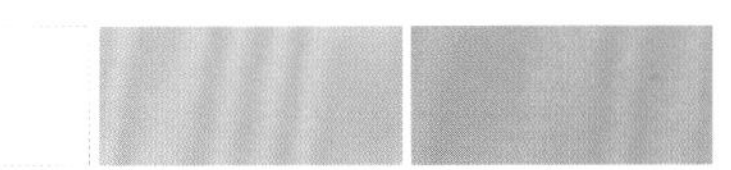

北欧风格关键词：

浅白空间、几何图案、现代家具、低彩度主色、高彩度点缀。

北欧风格看似与日式风格很相似，均以浅木色、白色、灰色为主，但北欧风格在表现形式上却比日式风格更丰富。

北欧风格特征一：黑白图案、黑白组合。北欧风格中的黑白组合，可以通过各种图案来表达。

北欧风格特征二：白 + 多彩纹样。浅白的空间是北欧风格的主旋律，但浅白并非北欧风格的全部。典型的北欧风格往往还会搭配多彩纹样的地毯、靠垫等布艺作为点缀。

北欧风格特征三：白 + 高彩度现代家具、布艺。在浅白的空间中置入少量高彩度、线条简洁的北欧风格家具，也是北欧风格常用的搭配手段。

设计工作室：ND architecture d'intérieur

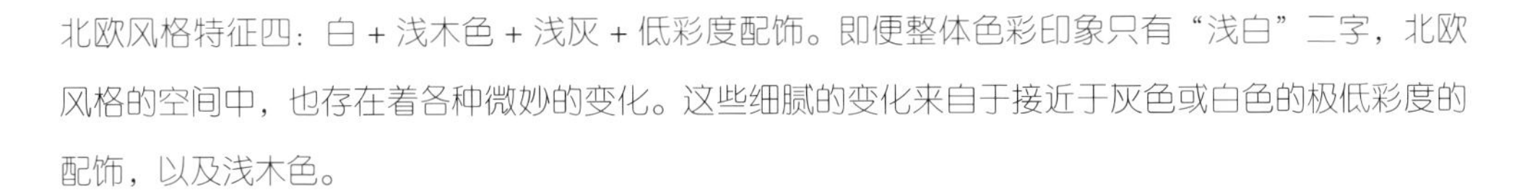

北欧风格特征四：白 + 浅木色 + 浅灰 + 低彩度配饰。即便整体色彩印象只有“浅白”二字，北欧风格的空间中，也存在着各种微妙的变化。这些细腻的变化来自于接近于灰色或白色的极低彩度的配饰，以及浅木色。

现代中式风格关键词：

黑白灰、无彩色、道、文人品位。

我们现在所说的现代中式风格（新中式），是传统中式风格与现代生活方式结合的产物。而传统中式风格，是指中国古代仕人阶层的家居生活品位，即对“道”的追求。

中国传统文化由“道”和“儒”两条主线构成。中国传统文化的话语权一直被文人掌握，文人“入世”的追求便是仕途，而在朝为官时必须遵守儒家倡导的等级制度。与此截然相反的是仕人阶层对“出世”的生活方式的追求，此时，他们向往的是道家的人生哲学。而家居环境，正是他们对“道”的哲学实践——对无彩色的崇尚。

在传统中式风格中，红木、原木色、朴素的白墙是基本的色彩元素，而风雅的文人画则是装饰墙面的不二选择。

现代中式风格除了延续这些关键性的装饰元素，艳丽的大胆的配色也常常登堂入室，以达到创新效果。惯常的做法是以传统样式的家具、灯具、图案等为载体，以颠覆性的艳丽色彩或强对比作搭配。

4.2.7 波普风格、东南亚风格

波普风格、东南亚风格都是常见的会使用中高彩度色彩搭配的室内风格，这两种风格色彩较为饱和、浓郁，极具展示性。

设计工作室：Tracy Murdock Allied ASID

波普风格

设计工作室：The Golden Triangle

东南亚风格

波普风格、东南亚风格色彩体系

波普风格关键词：

曲线、波点、高彩度、强烈的色彩对比、美式漫画元素。

设计工作室：Designed by Helene Helene of Hollub Homes in Miami, FL,USA

东南亚风格关键词：

佛像、佛头、民族装饰元素、精美木雕、高彩度点缀色、缎面等反光面料。

在东南亚风格，往往通过各种民族性的装饰元素，呈现出一种强烈的异族风情。东南亚风格也并非一味追求艳丽，保留传统东南亚风格中的符号元素才是塑造这一风格的关键。在当代的东南亚风格中，整体色调与家具陈设更雅致，更年轻和现代。

设计工作室：Kimberley Seldon Design Group

4.2.8 美式风格

所谓美式风格，在国际上被称为“殖民地风格”，实际上是一种杂糅的室内风格，它的发展历程比人们想象的要复杂得多。早期北美移民从各自的故乡带去了欧洲大陆、英国以及北欧的欣赏品位，又因为不同的地理位置和气候条件，几种不同的风格在幅员辽阔的美国逐渐形成。如今在中国国内所说的美式风格，大致分为传统乡村式、新古典式、现代式三类。

传统乡村美式风格关键词：

深木色、裸露在外的原木横梁、砖石墙面、石砌壁炉、深色真皮家具。

传统乡村美式保留了殖民地初期，美国先民开疆拓土时带来的厚重风貌。深木色、深皮革色、岩石的颜色组合而成的厚重之感，是传统乡村美式的典型风貌。

设计公司：Thmpson Custom Homes

设计工作室：NB Design Group.Inc

新古典美式风格关键词：

以奶白色、浅蓝色或浅灰色为主色调，以黑色或少量深木色作点缀。

新古典主义美式风格，保留了亚当风格以及北欧风格中浅淡、低彩度的色彩特征，家具搭配也往往更加现代和简洁。色彩的明度对比较强烈，整体色彩氛围较为干净利落。

设计师：Alexander James Interiors

现代美式风格关键词：

大面积浅色为主色调，搭配浅蓝、浅粉、米色、浅黄等粉彩色系；大面积浅色为主色调，搭配少量高饱和度颜色作点缀。

现代美式风格在色彩搭配上更为自由，可能是弱对比，也可能是强对比的配色，但总体来说更为现代、安静。

4.3 相同色彩组合的不同风格表现

同样或相似的颜色组合，面积比例不同，给人的色彩组合情绪也不同，加上不同的空间形态及家具款式、图案组合，能够呈现不同的室内风格。

4.3.1 红色

NCS S 0500-N	NCS S 1070-Y90R	NCS S 9000-N	NCS S 2030-Y40R
PANTONE11-4800 TPX	PANTONE18-1651 TPX	PANTONE19-4007 TPX	PANTONE16-1331 TPX
C:0 M:0 Y:1 K:1	C:37 M:88 Y:75 K:2	C:83 M:82 Y:89 K:72	C:24 M:51 Y:63 K:2
R:254 G:253 B:253	R:178 G:64 B:64	R:24 G:18 B:11	R:206 G:144 B:97

色彩组合印象：古典、华丽、正式。

白色、大红、深灰色（或黑色）、浅棕色的色彩组合总体感觉偏暖，较为硬朗，色彩组合的印象较为古典华丽。当大红、浅棕色较多时，总体感觉会更暖，而当黑色或深色占多数时，总体感觉便偏硬。

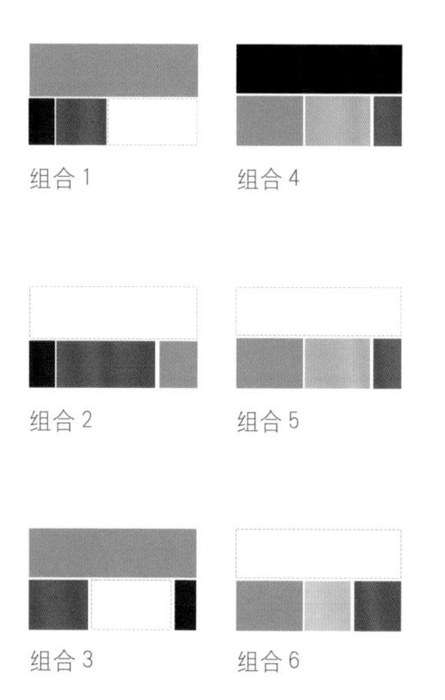

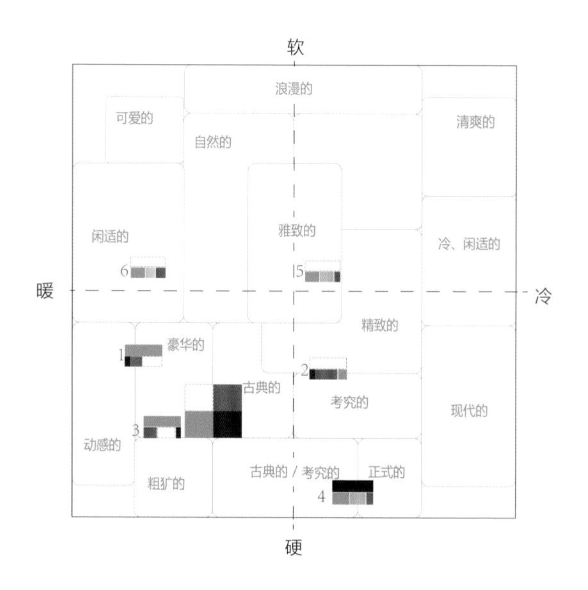

组合 1

图 1（左）、图 2（右） 东南亚风格

图 1 和图 2 为典型的东南亚风格。鲜明的红色是这个室内空间的点睛之笔，红色作为光谱中波长最长的颜色，在以白色、木色为主的空间中显得尤为突出。红色墙面搭配黑色画框与白衣女子组成的装饰画，色彩组合的辨识度极强，墙面成为空间的视觉焦点。

组合 2

图 3（左）、图 4（右） 日式风格

同样的色彩组合，在图 3 和图 4 中，白色的面积更大，空间的色彩印象更轻。在这个典型的日式风格室内空间中，没有多余的装饰元素，只有从室外引入的光与树影，以及与红色墙面形成补色关系的绿植景观，这样的色彩搭配营造出了纯粹、禅意的室内空间氛围。

图 1（左）、图 2（右）
美式风格

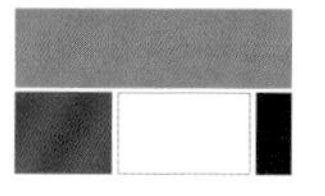

组合 3

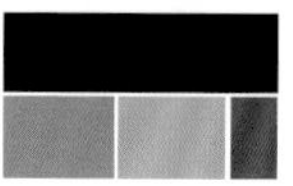

组合 4

HOUSE+HOUSE Architects

图 3（左）　北欧风格
图 4（右）　现代主义风格

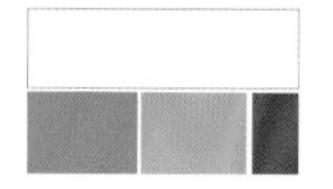

组合 5

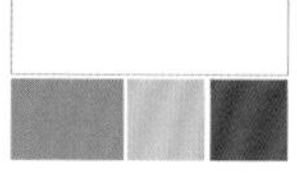

组合 6

还是围绕红色这个点缀色为核心，图 1 与图 3 均以红色沙发为视觉中心，图 1 整体硬装以传统木作为主，更为经典华丽。图 3 因裸露的红砖和木色的立柱，呈现出一种浓浓工业感的北欧风格。图 2 因构图中深灰色（黑色）占的面积最大，与中性的灰色叠加，加之背景裸露的红砖，表现为硬朗的美式风格，这与图 4 简洁轻巧的现代主义风格形成强烈的对比。

4.3.2 橙色

NCS S 1502-Y50R
PANTONE12-0404 TPX
C:0 M:4 Y:10 K:17
R:225 G:220 B:208

NCS S 2002-R
PANTONE14-4002 TPX
C:0 M:5 Y:5 K27
R:206 G:200 B:197

NCS S 1070-Y40R
PANTONE15-1157 TPX
C:1 M:63 Y:91 K:0
R:249 G:126 B:13

NCS S 8005-Y50R
PANTONE19-1314 TPX
C:74 M:82 Y:91 K:66
R:43 G:25 B:15

色彩组合印象：活力、大胆、个性。

鲜艳的橙色是极具热量感的颜色，在家居环境中，橙色、黑色与暖灰色组合，在保持整体热情感的同时，显得十分大胆、张扬。在使用橙色时，有时容易陷入廉价感，而与暖灰组合，则是保证品质感的手段。

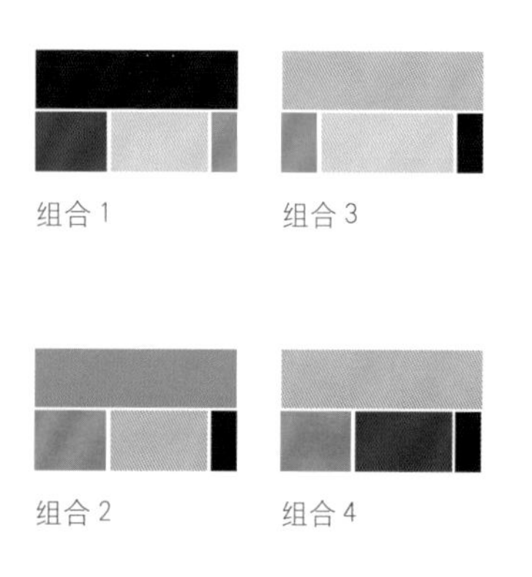

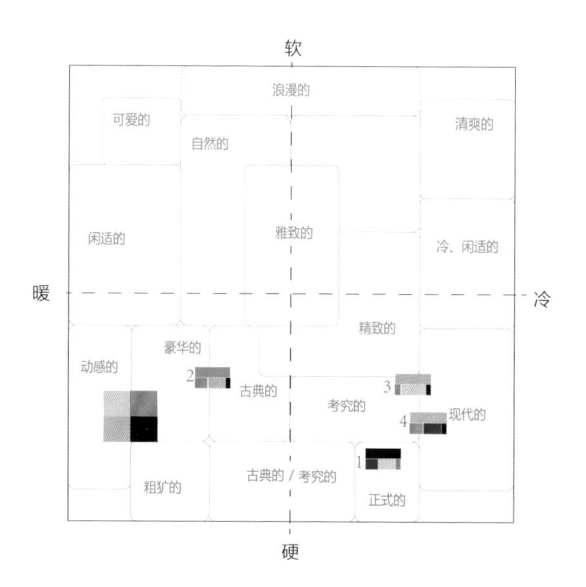

图 1（左）、图 2（右） 美式风格

组合 1

组合 2

设计工作室：Maven Interiors

图 3（左）、图 4（右） 现代主义风格

组合 3

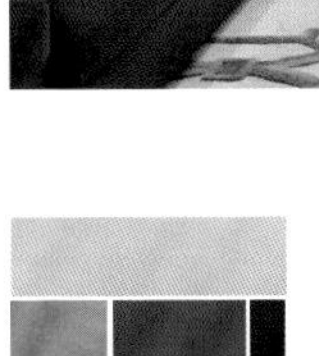

组合 4

图 1 与图 2 均为美式风格，图 1 色彩组合更“硬”，而图 2 因为加入了更多的木色，整体色彩感觉比图 1 更暖，对比也更柔和，显得更“软”，这也解释了为什么图 1 更显得男性化，更正式，而图 2 显得更舒适、华丽。

NCS S 1002-Y50R	NCS S 3005-Y50R	NCS S 1070-Y30R	NCS S 8505-Y80R
PANTONE14-0002 TPX	PANTONE15-4503 TPX	PANTONE15-1054 TPX	PANTONE19-1111 TPX
C:0 M:3 Y:10 K:7	C:0 M:10 Y:20 K:40	C:1 M:63 Y:91 K:0	C:74 M:82 Y:91 K:66
R:244 G:237 B:225	R:179 G:167 B:149	R:249 G:126 B:13	R:43 G:25 B:15

色彩组合印象：欢快、热情。

在上一组颜色的基础上，保留橙色与黑色，增加两个灰色的明度，就是以上四色组合。与上一组颜色相比，明度对比更强烈，因此色彩关系更“硬”，显得更欢快、热情。在这一组配色中灰色更暖，当橙色、暖灰组合在一起的时候，也会比上一组配色更暖一些。

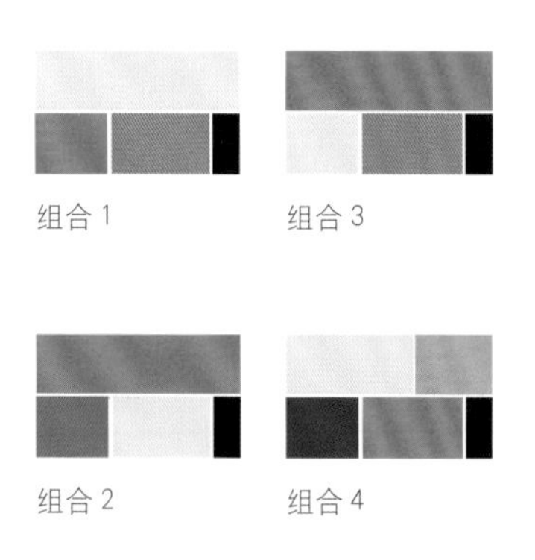

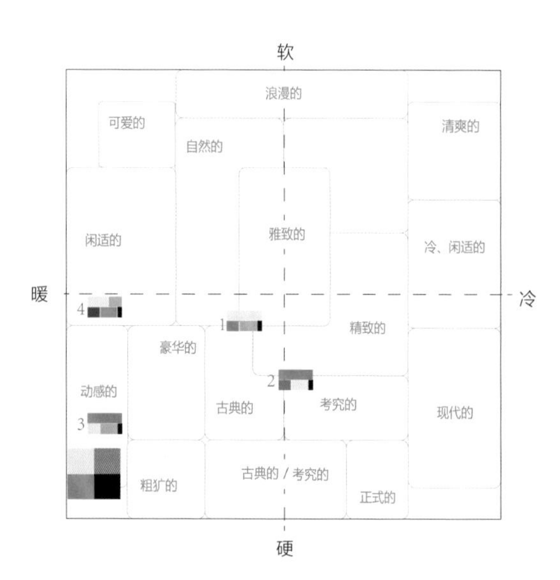

图 1（左）、图 2（右） 折衷主义风格

组合 1

组合 2

图 3 美式风格

图 4 现代主义风格

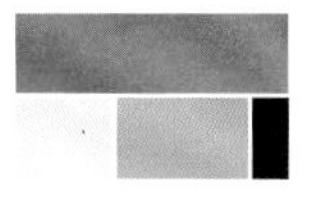
组合 3

组合 4

4.3.3 黄色

NCS S 2010-Y20R	NCS S 0500-N	NCS S 1070-Y	NCS S 8505-R20B
PANTONE14-1108 TPX	PANTONE11-4800 TPX	PANTONE13-0752 TPX	PANTONE19-1102 TPX
C:25 M:26 Y:42 K:0	C:0 M:0 Y:1 K:1	C:14 M:36 Y:89 K:0	C:87 M:85 Y:82 K:73
R:205 G:189 B:154	R:254 G:253 B:253	R:234 G:177 B:35	R:16 G:12 B:14

色彩组合印象：阳光、友好、欣欣向荣。

鲜亮的黄色与黑色，是一组色彩可识别性最强的颜色，往往容易打造强烈的视觉效果。而亮黄是一种非常敏感的颜色，稍微偏红或稍微偏绿都会带来不同的色彩联想，与之相搭配的颜色稍有变化，也会令整个色彩组合呈现不同的色彩气氛。在本组色彩组合中，正黄色与暖灰组合，体现阳光、友好的色彩风格。

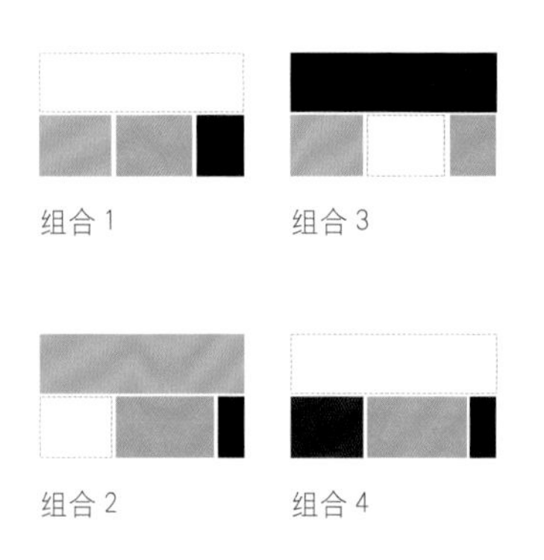

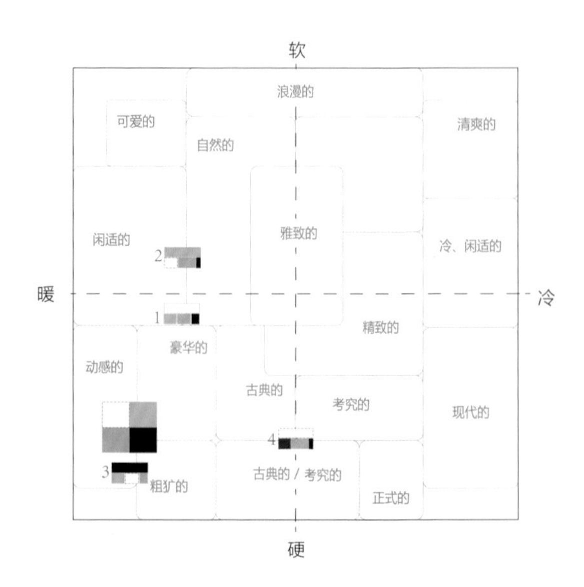

图 1 现代主义风格

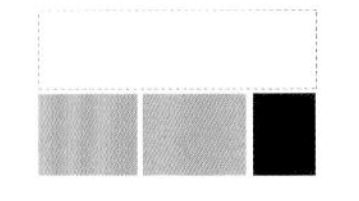

组合 1

图 2 美式风格

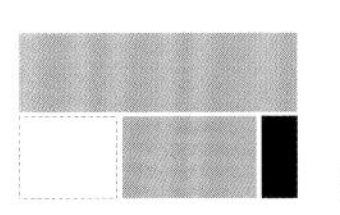

组合 2

图 3 波普风格

组合 3

图 4 现代主义风格

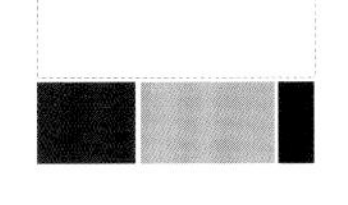

组合 4

NCS S 0500-N
PANTONE11-4800 TPX
C:0 M:0 Y:1 K:1
R:254 G:253 B:253

NCS S 2020-Y30R
PANTONE13-1015 TPX
C:0 M:26 Y:49 K:12
R:230 G:187 B:127

NCS S 2060-Y
PANTONE15-0751 TPX
C:30 M:42 Y:92 K:0
R:198 G:156 B:38

NCSS 8505-R20B
PANTONE19-1102 TPX
C:87 M:85 Y:82 K:73
R:16 G:12 B:14

色彩组合印象：优雅、奢华、端庄。

在家居环境中，黄色在材质的应用上可以用金色来表现，而当金色、灰色与黑色组合在一起时，装饰艺术风格往往水到渠成。与多样和富有创造性的家居产品组合，更能表现低调奢华、优雅端庄的室内环境。

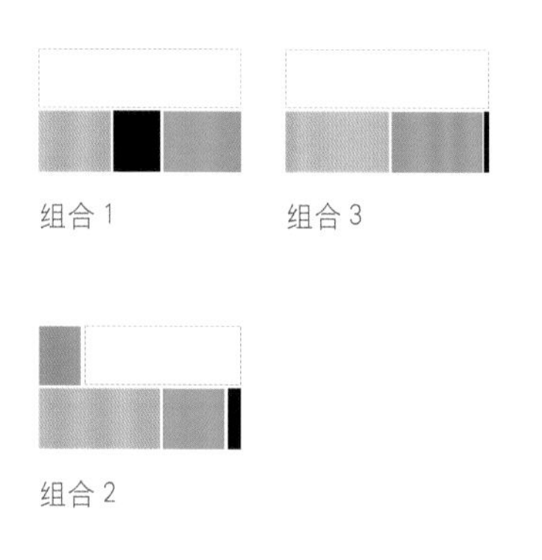

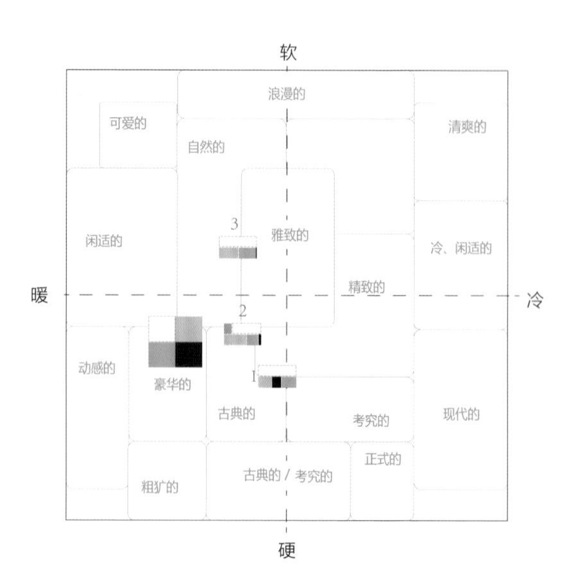

图 1（左）、图 2（右）
装饰艺术风格

组合 1

图 3 现代主义风格

图 4 新中式风格

组合 2

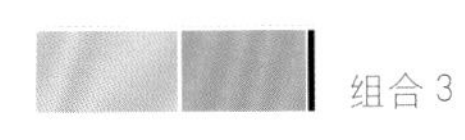

组合 3

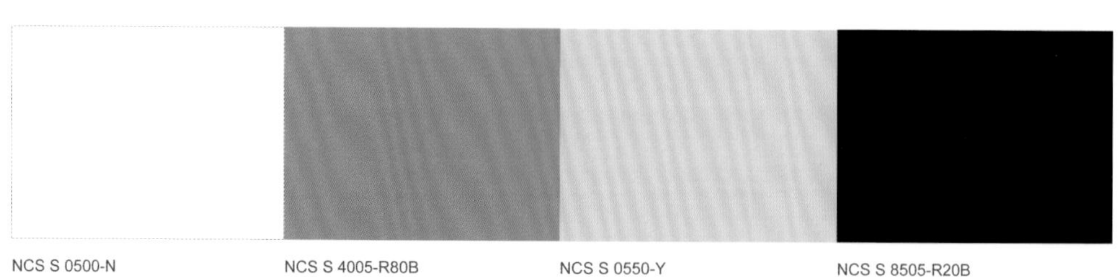

NCS S 0500-N	NCS S 4005-R80B	NCS S 0550-Y	NCS S 8505-R20B
PANTONE11-4800 TPX	PANTONE15-4305 TPX	PANTONE12-0727 TPX	PANTONE19-1102 TPX
C:0 M:0 Y:1 K:1	C:42 M:33 Y:32 K:0	C:8 M:14 Y:70 K:0	C:87 M:85 Y:82 K:73
R:254 G:253 B:253	R:163 G:163 B:163	R:249 G:233 B:93	R:16 G:12 B:14

色彩组合印象：当代的、愉快的、时髦的。

当黄色变浅、灰色变冷时，色彩组合看起来更有个性、更中性、显得更时髦。而黄色在其中作为点缀色出现，令酷酷的黑、白、灰呈现出令人愉快的开放性。

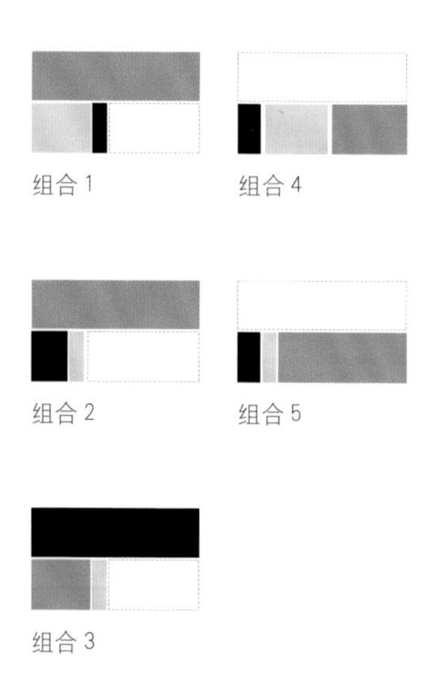

组合 1

组合 4

组合 2

组合 5

组合 3

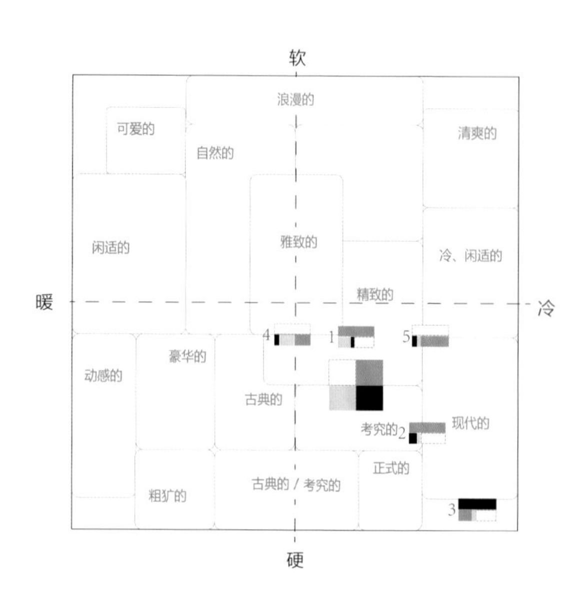

图 1 北欧风格

组合 1

图 2 现代主义风格

组合 2

图 3 现代主义风格

组合 3

图 4 热带风格

组合 4

图 5 美式风格

组合 5

4.3.4 绿色

NCS S 0500-N	NCS S 1050-Y20R	NCS S 9000-N	NCS S 3050-B60G
PANTONE11-4800 TPX	PANTONE13-0940 TPX	PANTONE19-3908 TPX	PANTONE17-5130 TPX
C:0 M:0 Y:1 K:1	C:16 M:39 Y:74 K:0	C:91 M:88 Y:87 K:79	C:86 M:42 Y:69 K:2
R:254 G:253 B:253	R:235 G:170 B:78	R:4 G:0 B:1	R:5 G:122 B:101

色彩组合印象：夏日丛林、假日、富饶丰沛。

亮黄与翠绿的组合，令人联想到阳光下的热带丛林。绿色的舒适放松与充满阳光感的亮黄组合，带来强烈的吸引力。在波普风格、现代主义风格中，都是可以尝试应用的色彩组合。

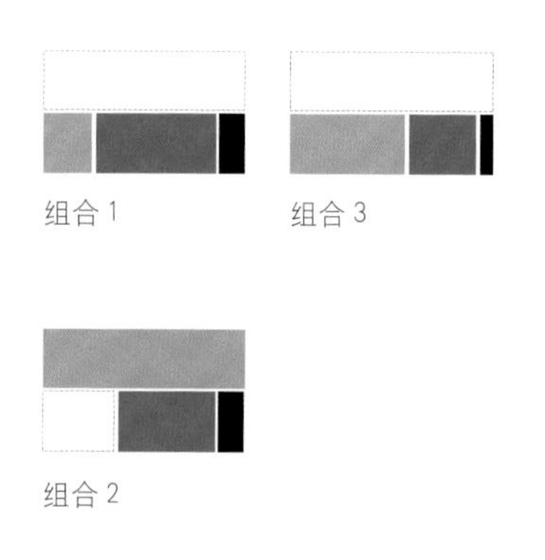

组合 1　组合 3

组合 2

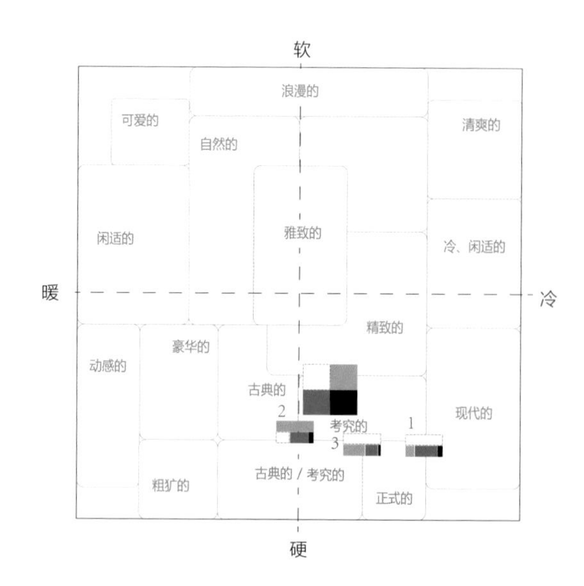

图 1 波普风格

组合 1

图 2 折衷主义风格

组合 2

折衷主义风格是西方建筑和室内设计中一种重要的风格，但在国内商业市场未被提及，因此知名度不高。

折衷主义风格简单理解就是将各种建筑和室内形式自由组合，它不追求固定的法则，只讲究色彩、形态等各个元素的比例均衡，注重纯粹的形式美。图 2 中表现的便是典型的折衷主义风格，洛可可式的沙发与艳丽的翠绿色叠加，树叶形的金色灯具则以热带元素体现现代性，亮黄色的窗帘更是打破传统模式，光彩夺目。

图 3（左）、图 4 （右）现代主义风格

组合 3

NCS S 0500-N	NCS S 6010-Y30R	NCS S 9000-N	NCS S 3050-B60G
PANTONE11-4800 TPX	PANTONE17-1418 TPX	PANTONE19-3908 TPX	PANTONE17-5130 TPX
C:0 M:0 Y:1 K:1	C:60 M:63 Y:87 K:19	C:91 M:88 Y:87 K:79	C:86 M:42 Y:69 K:2
R:254 G:253 B:253	R:112 G:90 B:54	R:4 G:0 B:1	R:5 G:122 B:101

色彩组合印象：考究、庄重、男性化。

将亮黄色替换成成熟的木色，上一组色彩组合立刻变得考究而男性化，若把这样的色彩组合与女性化的图案相叠加，则容易打造出成熟庄重的的空间氛围。

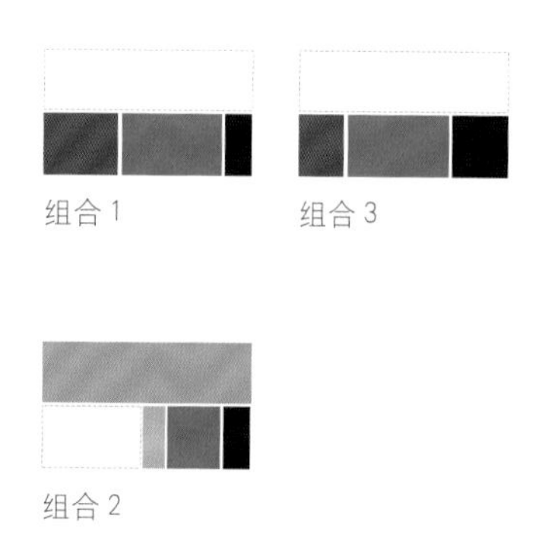

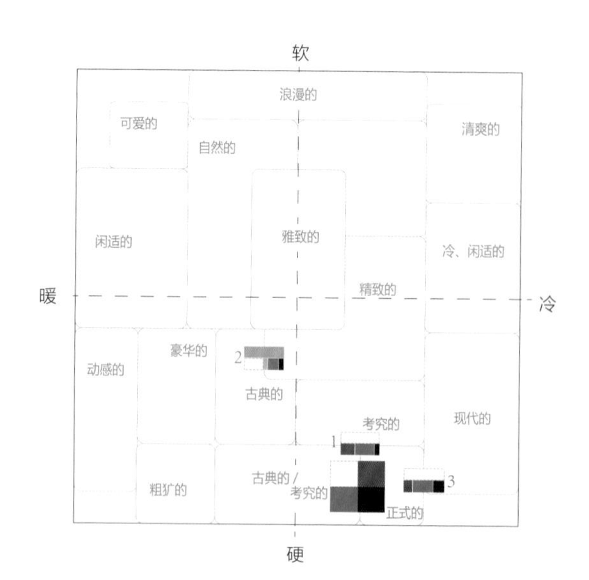

图 1 新中式风格

组合 1

图 2（上）、图 3（下） 现代主义风格

组合 3

图 4 美式风格

组合 2

4.3.5 蓝色

NCS S 0500-N	NCS S 2060-Y90R	NCS S 3050-R90B	NCS S S3005-Y50R
PANTONE11-4800 TPX	PANTONE18-14447 TPX	PANTONE18-4247 TPX	PANTONE15-4503 TPX
C:0 M:0 Y:1 K:1	C:20 M:80 Y:80 K:12	C:87 M:73 Y:44 K:6	C:45 M:43 Y:52 K:0
R:254 G:253 B:253	R:214 G:82 B:55	R:53 G:78 B:112	R:158 G:144 B:122

色彩组合印象：昂扬、前进、中性。

蓝色与红色组合是各个设计领域经常使用的对比色组合。在室内色彩布局中，蓝色往往作为主色或者面积较大的辅助色出现，而红色因其强烈的视觉吸引力和强大的情感唤起能力，往往作为点缀元素呈现。

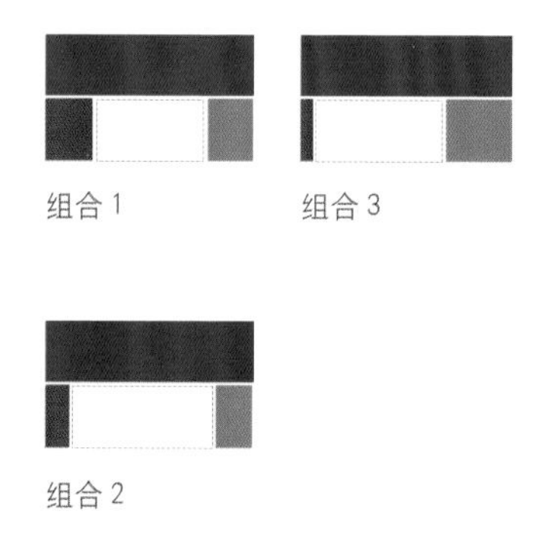

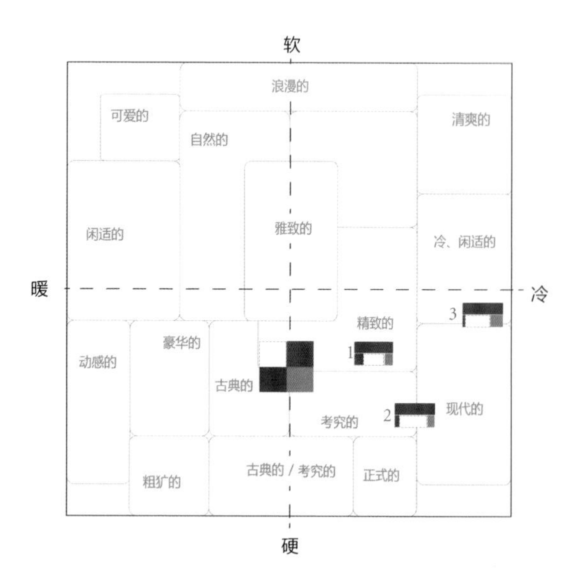

图 1（左）、图 2（右） 现代主义风格

组合 1

图 3（左）、图 4（右） 美式风格

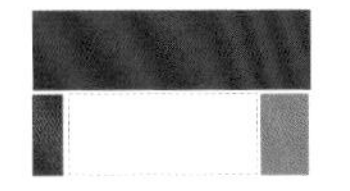

组合 2

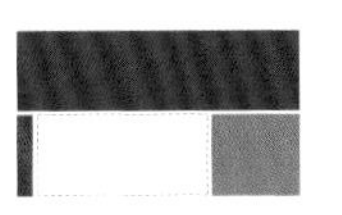

组合 3

NCS S 0500-N
PANTONE11-4800 TPX
C:0 M:0 Y:1 K:1
R:254 G:253 B:253

NCS S 4030-R90B
PANTONE17-4023 TPX
C:39 M:51 Y:37 K:0
R:94 G:120 B:142

NCS S 5040-R80B
PANTONE19-4050 TPX
C:94 M:89 Y:48 K:15
R:38 G:52 B:92

NCS S 8010-R70B
PANTONE19-3926 TPX
C:84 M:79 Y:71 K:54
R:35 G:38 B:43

色彩组合印象：宁静、深邃、冷静。

毫不夸张地说，不管是何种文化背景几乎没有人讨厌蓝色。因此，蓝色调成了家居陈设中最常应用的色彩组合之一。而以沉稳的藏青色为核心的蓝色调组合，在美式、北欧、现代主义风格中最为常见。

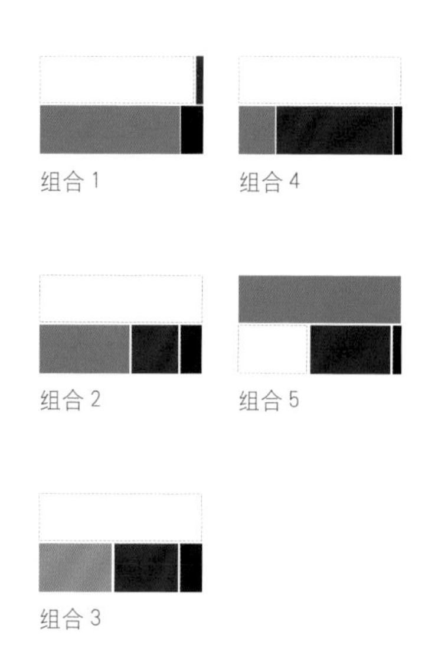

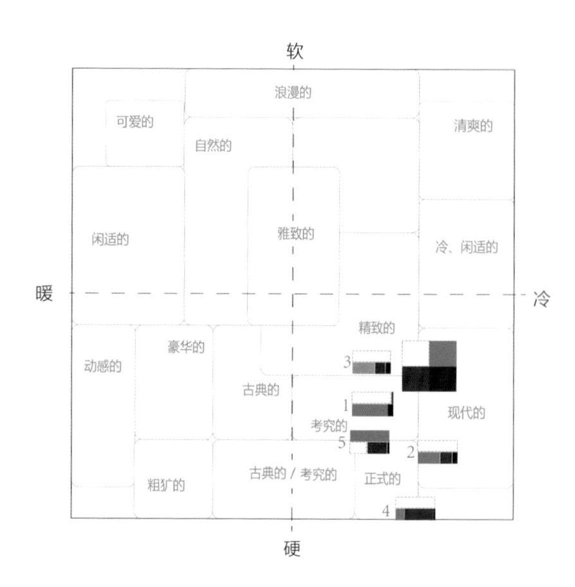

图 1 美式风格

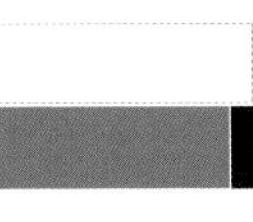

组合 1

图 2 北欧风格

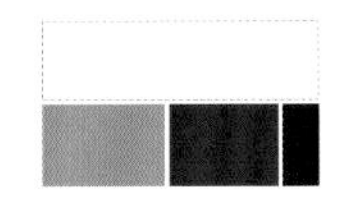

组合 3

图 3 现代主义风格

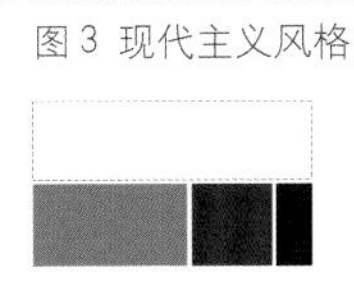

组合 2

图 4 美式风格

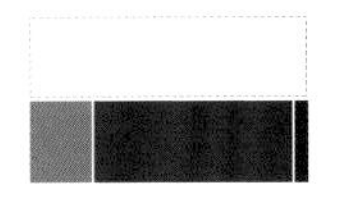

组合 4

图 5 美式风格

组合 5

4.3.6 粉彩

NCS S 0500-N	NCS S 2502-R	NCS S 1015-R20B	NCS S 0507-Y20R
PANTONE11-4800 TPX	PANTONE14-4002 TPX	PANTONE13-2803 TPX	PANTONE11-0105 TPX
C:0 M:0 Y:1 K:1	C:0 M:5 Y:5 K:27	C:0 M:20 Y:7 K:5	C:5 M:8 Y:20 K:0
R:254 G:253 B:253	R:206 G:200 B:197	R:242 G:213 B:216	R:247 G:238 B:213

色彩组合印象：浪漫、梦幻。

粉彩色调是描述浪漫心情的最佳选择。各种浅白、弱对比的配色组合，总是能够轻易地体现出优雅、纯洁的格调。这样的配色不会有任何令眼睛不舒服的颜色，而人眼对粉彩色调特别敏感，总是能够敏锐地察觉出各种浅白色中不同的色相，因此往往能够得到柔和、丰富和安抚人心的色彩情绪。

粉彩色调也是洛可可、北欧、美式、新古典主义等风格的最佳颜色表现。

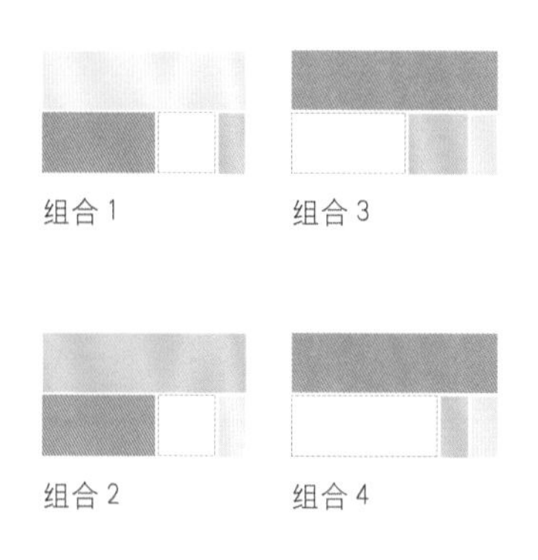

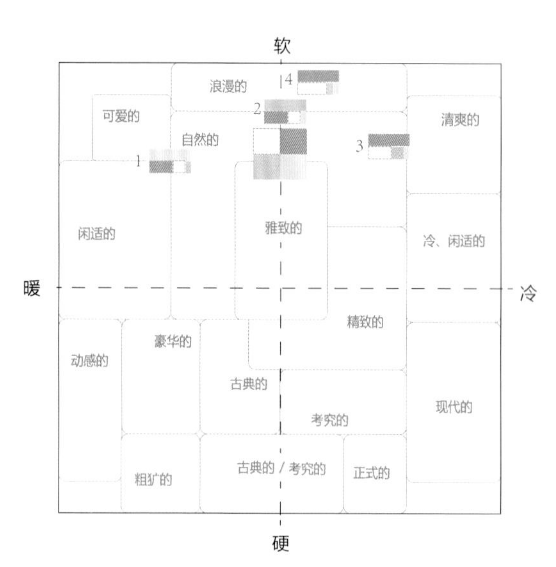

图 1 北欧风格

组合 1

图 3 洛可可风格

组合 3

图 2 北欧风格

组合 2

图 4 新古典主义风格

组合 4

NCS S 0500-N
PANTONE11-4800 TPX
C:0 M:0 Y:1 K:1
R:254 G:253 B:253

NCS S 2002-Y50R
PANTONE13-0000 TPX
C:0 M:5 Y:10 K:25
R:210 G:203 B:194

NCSS 0515-R80B
PANTONE13-4304 TPX
C:20 M:6 Y:0 K:0
R:210 G:228 B:245

NCSS 1020-Y30R
PANTONE14-0936 TPX
C:0 M:20 Y:43 K:0
R:251 G:214 B:155

色彩组合印象：天真、轻奢。

浅黄、粉蓝与浅灰色系的组合，是较为典型的洛可可、北欧风格的色彩特征，在美式、北欧风格中也是常见组合。

组合 1

组合 2

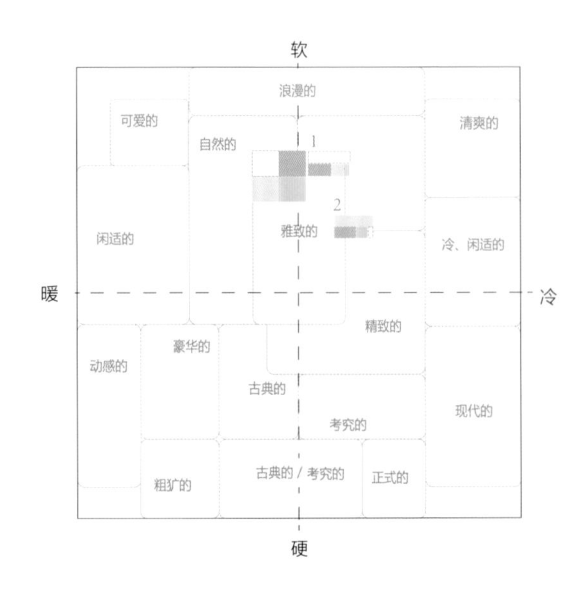

图 1、图 2 北欧风格

组合 1

图 3 洛可可风格

组合 2

NCS S 0500-N	NCS S 2005-Y50R	NCS S 2002-Y50R	NCS S 0507-Y20R
PANTONE11-4800 TPX	PANTONE14-0000 TPX	PANTONE13-0000 TPX	PANTONE11-0105 TPX
C:0 M:0 Y:1 K:1	C:0 M:10 Y:15 K:20	C:0 M:5 Y:10 K:25	C:5 M:8 Y:20 K:0
R:254 G:253 B:253	R:218 G:205 B:190	R:210 G:203 B:194	R:247 G:238 B:213

色彩组合印象：原初、自然、回归。

在粉彩色中，浅米色系的组合最能体现返璞归真的北欧风情。低彩度，接近浅灰色的木色、乳白色、奶黄色……通过纯棉、亚麻等纯天然纺织面料体现，塑造洗尽铅华的干净美好。

组合 1

组合 2

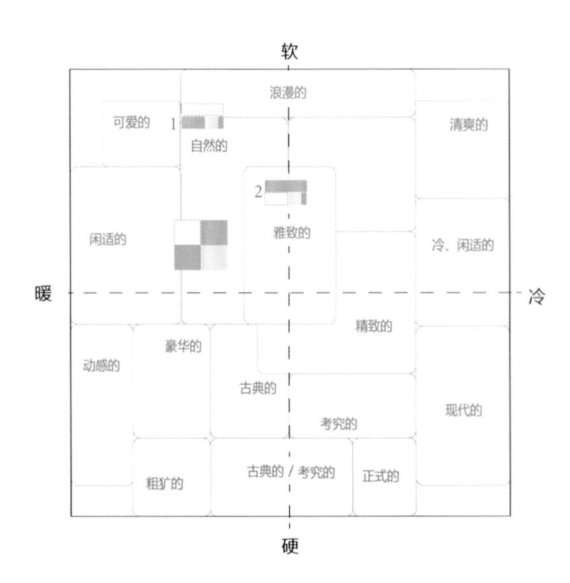

图 1 美式风格

组合 1

图 2 北欧风格

组合 2

4.3.7 黑、白、灰

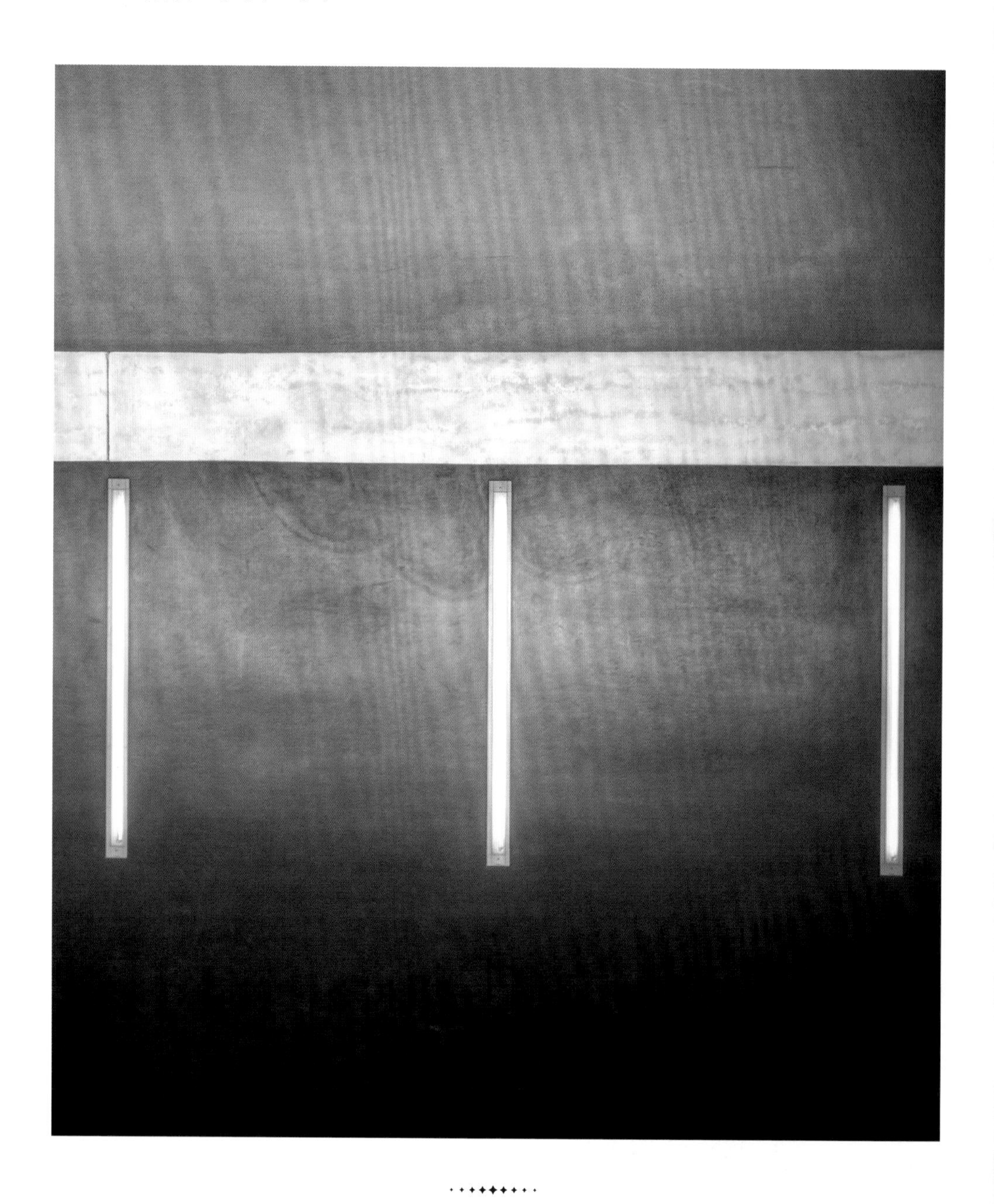

设计公司：CEX 鸿文空间设计有限公司

NCS S 0500-N	NCS S 3502-B	NCS S 5502-B	NCS S 8002-B
PANTONE11-4800 TPX	PANTONE15-4101 TPX	PANTONE17-5102 TPX	PANTONE19-4024 TPX
C:0 M:0 Y:1 K:1	C:36 M:29 Y:27 K:0	C:64 M:52 Y:50 K:0	C:92 M:86 Y:87 K:77
R:254 G:253 B:253	R:175 G:175 B:175	R:112 G:119 B:119	R:3 G:6 B:7

色彩组合印象：对抗的、工业的、现代化的。

黑、白、灰是永不过时的配色，三种颜色搭配出来的空间，充满冷调的现代与未来感，在这种色彩情境中，会由简单而产生出理性、秩序与专业感。适用于北欧、美式、新古典主义、现代主义等多种风格。

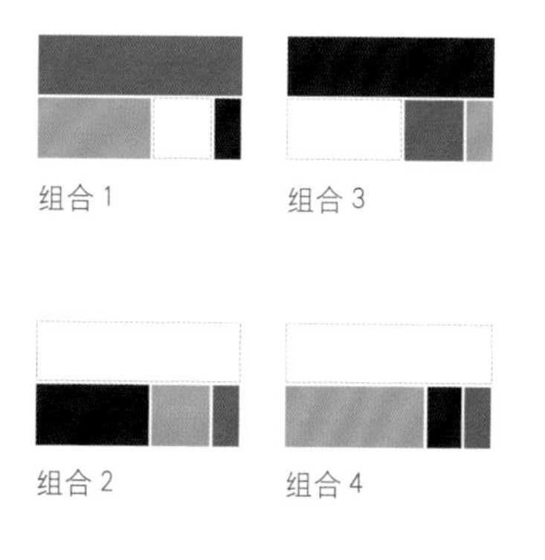

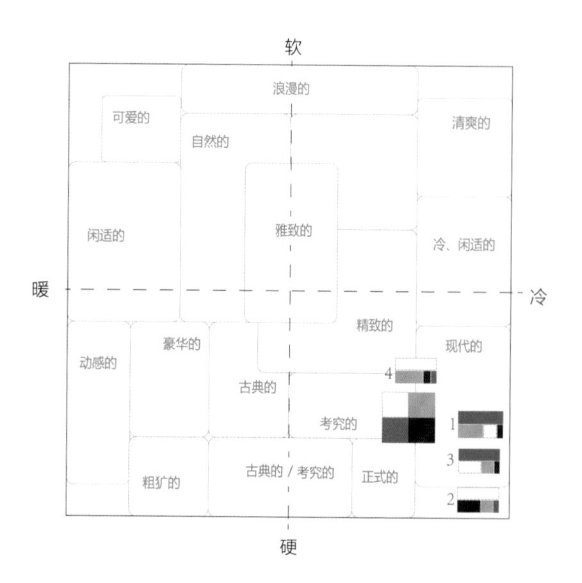

图 1 美式风格

组合 1

图 2 现代主义风格

组合 2

图 3 现代主义风格

组合 3

图 4 北欧风格

组合 4

NCS S 0500-N	NCS S 3010-Y50R	NCS S 4020-R90B	NCS S 8010-R70B
PANTONE11-4800 TPX	PANTONE15-1214 TPX	PANTONE16-4010 TPX	PANTONE19-4025 TPX
C:0 M:0 Y:1 K:1	C:37 M:39 Y:49 K:0	C:68 M:51 Y:46 K:0	C:81 M:74 Y:69 K:42
R:254 G:253 B:253	R:178 G:158 B:131	R:102 G:120 B:127	R:48 G:52 B:55

色彩组合印象：冷峻的、理智的、中立的、男性的。

将黑、白、灰色彩组合中的某个或几个颜色增加彩度，使灰色略带彩度，便能表达更加丰富的色彩情感。

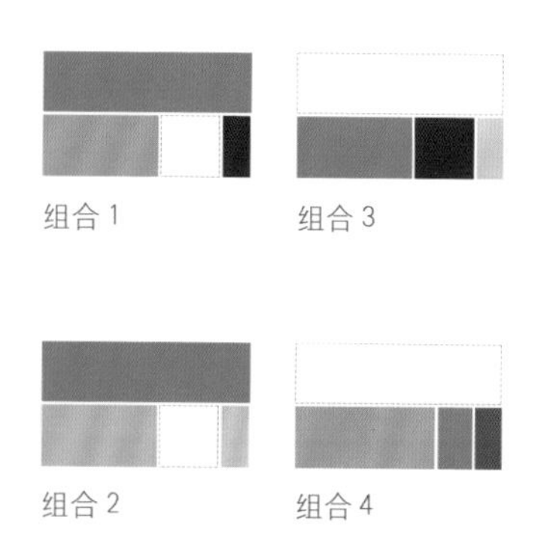

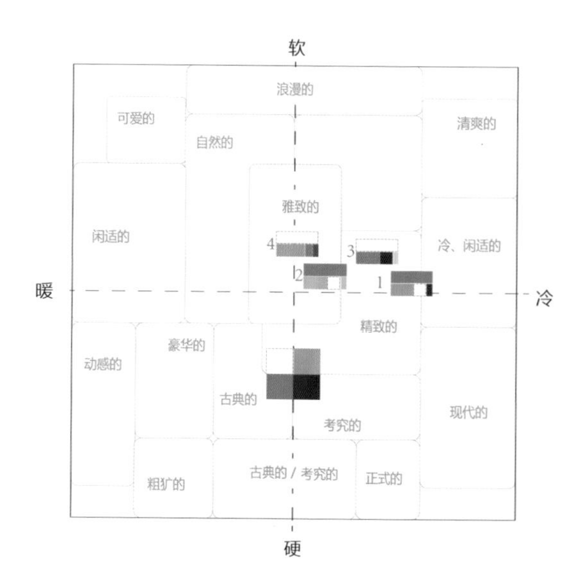

图 1（左）、图 2（右） 北欧风格

组合 1

组合 2

图 3 北欧风格

图 4 现代主义风格

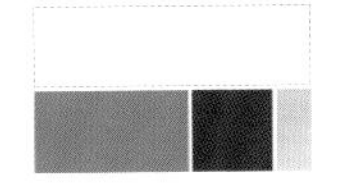

组合 3

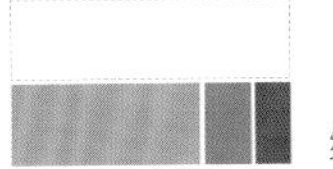

组合 4

NCS S 0500-N	NCS S 3000-N	NCS S 7010-Y90R	NCS S 8010-R70B
PANTONE11-4800 TPX	PANTONE14-4203 TPX	PANTONE18-1415 TPX	PANTONE19-4025 TPX
C:0 M:0 Y:1 K:1	C:0 M:1 Y:3 K:29	C:65 M:67 Y:73 K:24	C:81 M:74 Y:69 K:42
R:254 G:253 B:253	R:203 G:202 B:200	R:96 G:79 B:65	R:48 G:52 B:55

色彩组合印象：中庸、平衡的。

在黑、白、灰色彩组合中加入棕色，原本的冷峻感便被削弱，显得更加中庸和平衡。在室内设计中，棕色的载体不外乎深色的木制家具、地板、皮革等。这样的色彩组合层次分明，但不至于太过工业感。在黑白灰调的室内色彩方案中，这组配色是人们较容易接受的。

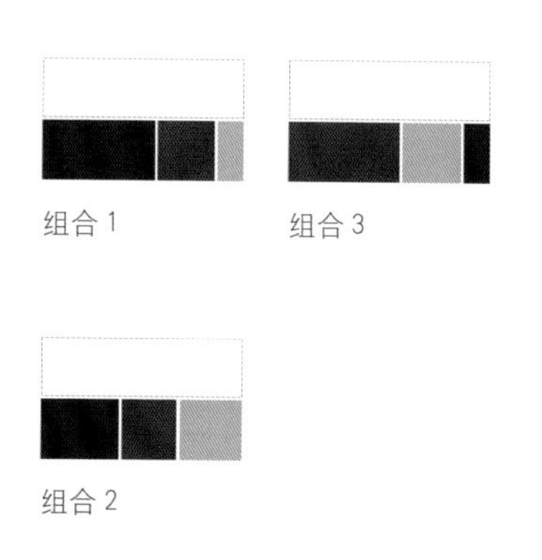

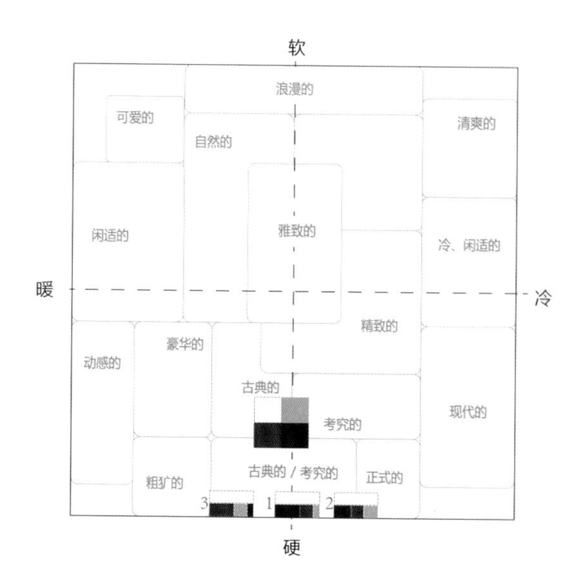

图 1 现代主义风格

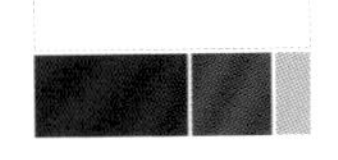

组合 1

图 2 美式风格

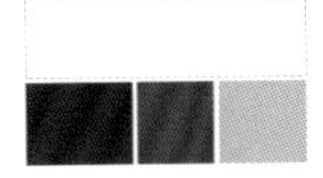

组合 2

图 3 美式风格

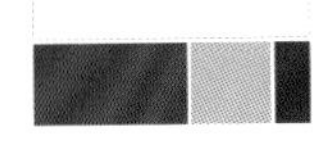

组合 3

设计公司：风合睦晨空间设计

图书在版编目（CIP）数据

室内设计实用配色手册 / 北京普元文化艺术有限公司，PROCO普洛可时尚编著. -- 南京 : 江苏凤凰科学技术出版社，2017.1

ISBN 978-7-5537-7371-1

Ⅰ. ①室… Ⅱ. ①北… ②P… Ⅲ. ①室内装饰设计—配色—手册 Ⅳ. ①TS238.2-62②J063-62

中国版本图书馆CIP数据核字(2016)第263508号

室内设计实用配色手册

编　　著　北京普元文化艺术有限公司　PROCO普洛可时尚
项目策划　凤凰空间／宋　君
责任编辑　刘屹立
特约编辑　韩　璇

出版发行　江苏凤凰科学技术出版社
出版社地址　南京市湖南路1号A楼，邮编：210009
出版社网址　http：//www.pspress.cn
总　经　销　天津凤凰空间文化传媒有限公司
总经销网址　http：//www.ifengspace.cn
印　　刷　广州市番禺艺彩印刷联合有限公司

开　　本　889 mm×1 194 mm　1／24
印　　张　13
版　　次　2017年1月第1版
印　　次　2020年4月第8次印刷

标准书号　ISBN 978-7-5537-7371-1
定　　价　188.00元（精）